你所走过的路，都是奇迹

陈保才——著

▲

用力呼喊，山谷总会给你回音；

大声欢笑，内心总会留下痕迹。

时间终会告诉你，岁月漫长，

照亮你人生的，只能是你自己。

台海出版社

目 录

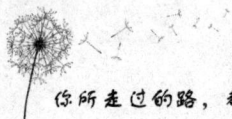

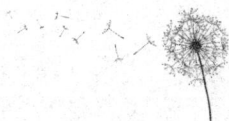

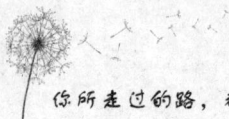

第一章

梦想永远不晚

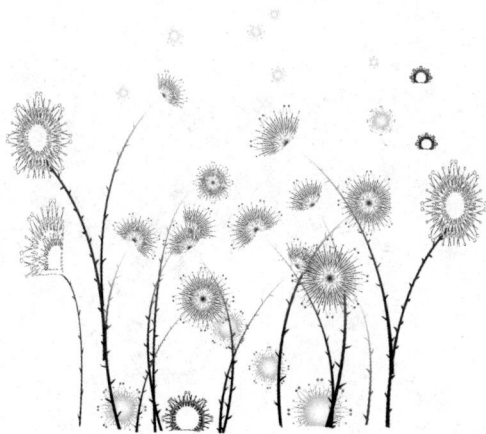

从天涯到故乡的距离是梦想

> 故乡有多远？天涯是故乡！有时候是半夜醒来，发现我向往的其实不是扬名立万，而是和他们在一起。

2004 年，我曾写过一篇《明日又天涯》，现在想来，那时的心情是多么无望，又是多么心酸。

那年，从上海失败地回到故乡，是提前回来的，因为混得并不好。过了年初八，四乡八邻的都返城了，我却不知道要去往哪里：刚请了长假，带着梦想去上海，却碰得灰头土脸。接下来该去哪，哪里又是我的路，那种漂泊无定的担忧，那种前途渺茫不知道何去何从的焦灼，简直要让我疯掉了。

我一定是傻子才辞去教职去上海，我一定是笨蛋才会离开安逸的小城。因为我那时是典型的文学青年，压根就找不到任何生存的法宝。所以，我让父母担心了。

那时，我对远方充满向往，我觉得远方充满新奇，又不知道那是什么。我放弃了小城的一切，不想再留在那里，但是，外面的世界对我太难了。这让我处于我所有认识的人里最尴尬的境地：为梦想放弃了工作，在外面漂泊无定，这是怎样的心绪，想来你们是很难体会的。

就是在这窘境下，一个远房叔叔的电话将我召到了深圳。我几乎是不能拒绝的，因为我刚好没出路。然后，我就与这个城市结下了生死之缘。

说生死一点也不为过，因为中间经历了太多，一个文学青年所能遇到的漂泊我都遇到了，一个文学青年所能遇到的挫折我也都遭遇了。我曾经彻夜难眠，也曾焦虑到要死，因为我始终没有安全感，不是主流，而我又是一个心气高的人。这让我注定要奔波辛劳。

好在，这一切都过去了，我终于迎来了自由的时代。2012 年 9 月，我彻底从职场出来了。从今往后，我是自由人，只对自己负责，我不会再有任何职场压力，这是我最想要的，我得到了。

随之，我也有相应的忧伤出现了——当我终于在深圳扎营之后，我发现，我离故乡越来越远了。我一年才回一次故乡，有时甚至是两年，我几乎很难在过年回去，兄弟姐妹要好几年才能见上一面，这简直让我太失落了。我常在梦里想他们，有时候半夜会睡不着，想我怎么就离他们这么远了呢！有时候是半夜醒来，发现我向往的其实不是扬名立万，而是和他们在一起。难道，是我年纪大了才这

么想家，还是我始终是个文艺的人，多愁善感？

　　某天，在刚加的同学群里，发现曾经心仪的人也在，多年不见，想好的无数开头，构思的无数场景，居然就那么平淡——"你现在做什么？在哪个城市？"然后对方说在什么地方，H城已经很久不回去了。原来，她也多年不回老家，看来，失去故乡是现代人共同的病兆。

　　就如一首诗所写——到不了的地方叫远方，回不去的地方是故乡。小时候我们觉得远方很远，而现在，我们觉得故乡很遥远，远在天边。小时候我们觉得远方是天涯，是尽头，是世界的另一方，现在，我们发现，原来故乡才是天涯，是世界的另一方，是我们回不了的地方。

　　这或许是现代人的共同命运——当故乡变成天涯，我们想回却回不去，谁来安抚我们内心的凄惶，而谁又能带我们回到真正的故乡？

　　故乡即天涯，而我又将何时才能到达故乡呢？

既然你什么都对，为什么还过得这么凄惨？

　　　　　　　　——为什么你的爱情"然并卵"？

　　最近流行一个词，然并卵——"然而并没有什么卵用！"这和"你读过那么多书，依然是个穷屌丝"，或者

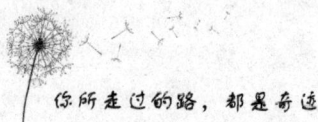

"听过很多道理，却依然过不好这一生"一样，都是在说，有些事情，你做了也没有用。

比如，有些人念了很多年书，却依然是个穷人；有些人，读了很多书，依然没有悟透；有些人走遍千山万水，依然没看到最美的风景；有些人，明明有出路却并不去寻找，有希望，却不抓住；明明是老师，却从未悟明人生的真谛。

这些，都是个人的悟性、造化、功力，以及灵性、天赋，当然，还有最重要的，与寂寞的斗争。人生是一场孤独的长跑，而且是漫长的，孤独而寂寞，想要倾诉都找不到对象——有时候像我这样的人，就更无法倾诉，因为我是个导师，每天为别人指点迷津，出谋划策，在所有人的印象里，我都是不需要倾诉的。

其实，我也需要出口，只是，我可以向谁说？

先不说信任度的问题，就是身份的问题都无法解决，谁可以充当这个角色？谁能真正懂我？所以，我基本都自己解决了。通过写作，通过灵性的升华，我将所有遇到的困境，再一次悟透，再一次转移，再一次升华到更高境界。比如写作，比如研究更深的情感智慧，比如对美食的研究，比如独自的散步，比如沉思和冥想，比如深夜的忽然泪流，比如发呆。

然而，还有一种人，明知没有用，明知那是错的，却还在坚持，那也是另一种"然并卵"。

就比如我的一个粉丝，老公出轨，养小三，生私生子，她非常痛苦，怎样都解决不了问题，准备寻求电视台帮助，签了录制合同，却没勇气去录。她拜访了很多人，希望可以解决掉自己的问题。最后一个朋友推荐她来找我，我一看就知道她的问题在哪，而她一说，我就更知道核心在哪。她说着说着眼泪就出来了，细数当年他追她的时候，他是多么的不怕牺牲，心酸，辛苦，而今天，他居然这样对自己。

我对她说，你的问题是没有"使用"你的老公，你自己养孩子，教育孩子，不让你的老公拿一分钱，担一点责任，他成了无用人；你不用，他当然找别人用。而且，她对他的方式是有问题的，性格强势，歇斯底里，像一个女战士，披上战袍，就随时可以将他"杀"掉。这样的人，男人怎么敢待在她身边。

可是，她说，世界上很多人不都是这样的吗？我说不是的，你走到这一步，就证明你的为人处世的方式、做事的方式、性格都需要调整。

她不仅不悔改，还觉得自己对。对此，我只能无语。

世界上就是有这样一些人，他们明明自己做得不够好，却还依然坚信自己做得对，就像我做《第一调解》节目的时候，当事人明明做得欠缺，却还认为自己这样做是理所当然的。我会反问，如果你做得都对，你怎么会来到这里呢？这时候他往往就不说话了。

是的，人有时候得承认自己做得不对，或者做得不够好。如果死要面子不承认，不反思，那样的人，你怎么帮他都不会有效果。

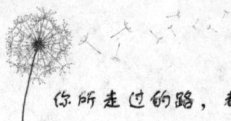

所以，在我的爱情魔法学院里，一般不接受那种不善学习、不懂反思、不爱修正的人。如果自己不能了悟，老师说再多又能怎样呢？

还有不懂感恩的人。当你有痛苦，寻求别人的帮助，这首先就得是一种感恩的心态，如果没有这种心怀，对自己，对别人都觉得无所谓，那也很难真正修好。因为你所遇到的情况，正是你不懂感恩的结局，如果你懂得感恩——感恩丈夫的照顾，感恩孩子的懂事，感恩公婆亲朋的照顾，如果你对他们好，又怎至于落到如此下场。

人生的一切麻烦，皆因不知感恩。不感恩，便会胡乱对待别人。同样，别人也会随意对待你，你不开心，便会变本加厉，矛盾就此产生，痛苦就此发生，能怪谁呢？所以，感恩是一个人幸福的开始，也是快乐的基础。

不知道你看到这里，是不是已经开悟了，还是依然无动于衷，然并卵呢？

梦想永远不晚

> 为了把这些事情做完、做到底需要足够的时间，因此，时刻想着要长命、长寿下去。

看过一个日本作曲家的随笔，是关于年龄的，他写

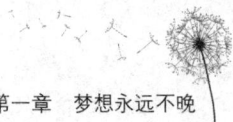

道："我朝思暮想，希望长生不老，延年益寿。"

"要做的事情太多，而且自己坚信不移、义不容辞的作曲工作堆积如山。为了把这些事情做完、做到底需要足够的时间，因此，时刻想着要长命、长寿下去。"

我想，每一个热爱生活的人都会有这样的想法吧？尤其是那些热爱创作的人——像我就是，因为时间太不够用了。

我从前乱想过，生活是这么苦涩，何况人老了会变得丑陋而孱弱，不如早点了结，像张国荣或三毛那样，让自己的生命戛然而止，让它永远停留在风华正茂的时期，永远保存那个形象，多好。

但是，现在我像所有热爱生活的人一样，希望生命可以长久一些。譬如，生命长久了，我可以写一部小说，写一部从来没有人敢写的小说，关于漂泊，流荡，居无定所，漂泊无依，老无所靠，它应该比村上春树更都市，比郁达夫更忧郁，比安妮宝贝更凌乱，但它是真实的。不写出这样一部小说，那漂泊的青春便无以祭奠，那曾经的记忆便会消逝，所以，它必须被写出。

如果活得久一些，我希望可以创造一个自己的服装品牌。我有很多梦——从前，我只有一个文学梦。可是现在，我对商业产生了浓烈的兴趣，我很想做一个连锁品牌，又想做一个服装品牌，能体现我所有对美、对品质的思索与追求。

但是，我不懂工艺，不懂技术，我曾经花了半年的

时间，要去做一个男士内衣的品牌出来，写了几十页的报告，买了上百个品牌的样品，我甚至自己去画图。但是，我发现，那不是我擅长的。

人的生命是有限的，许多人终其一生才做出一件伟大的事，我怎么可能做出那么多事呢？所以，我只能割爱了。但是，我心里依然有梦，依然有渴望——我想，如果我做一个男士内衣品牌，一定是非常时尚，非常性感，非常舒适。等条件成熟，我一定会实现它。

现在的我，一边自由写作，一边做点小事，有时候像个文人，有时候又化身创业者。我很享受这两者之间的转化，因为它让我觉得，我是有希望的。我曾经觉得，做公司会影响我写东西，但我发现，即使隔段时间不写，再重新敲字，我依然可以写得很流畅。所以，那些担心是多余的。

至于创业，我没有宏伟的目标，我本身就起步甚晚，何况我兴趣主要在文字。越接触商业，越想回到写作，因为商业变化太快，随时可能被淘汰，现代社会是一个快速更新的时代。但文字却可以打败时间，傲然于世，所以，我必须将全部才华投注于文字。

如果我活得长久一些，我可以多谈几次恋爱，因为我是情感丰富的人。但是，我并不去施行。像我现在，连90后都觉得有隔膜了，被喊大叔已经好几次，罢了，罢了！

但是，不管怎样，还是让我活得久一些吧，让我做更多的事，体验更多的酸甜苦辣，尝试更多的人生，这样才

不会遗憾。

我想活得久一些，这样我就可以多一些时间，去照顾我的家人，照顾这个世界上所有我应该照顾的人。我想看着他们都平安，都健康，等我完全放下心来，不再牵挂，那时候，我就可以安然地走了！

你呢？你想活得长一些还是短一些呢？

我们永远不曾选择的另一种生活

> 一片树林里分出两条路 / 而我选择了人迹更少的一条 / 从此决定了我一生的道路。

《南方都市报》美女记者采访我，问我情人节如果私奔最想去什么地方，我脱口而出——亳州。为什么会这样呢？世界上有那么多地方，对我来说，巴黎、纽约、尼泊尔、托斯卡纳、布宜诺斯艾利斯，这些地方都该是很好的选择，为什么我偏偏推荐了亳州？

其实也很好理解——我曾经在那里生活过。而纽约、巴黎、布拉格这些地方，虽然很美，但我毕竟没去过。没去过的地方会向往，但不会有感情；而亳州，是我生活过的地方，是我留下足迹的地方，我怀念它，一如怀念曾经的恋人。

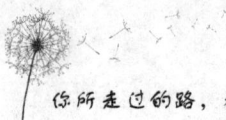

　　我向记者描述了那里的生活：满城都飘着中药的芳香；春夏秋冬地里都长着开花的各类中草药；作为华佗和曹操的故乡，你能看到远古的文化遗迹：曹操故居、古墓遗址、曹氏公园、武侯祠；那里有淳朴的风俗，老人鹤发童颜，会跳华佗发明的五禽戏；如果是晚上，你还可以吃着火锅，赶巧了还能听到罕见的吹响表演……

　　当我这么说的时候，之前对亳州毫无印象、去过很多旅游地的美女记者也禁不住对亳州产生了向往之意。

　　是的，我明显是美化了。而更为关键的是，数年前，当我生活在那里的时候，我是迫不及待地要逃出去。我觉得那里落伍、封闭、压抑，我不喜欢那里的脏、破、旧，我想过一种张爱玲或穆时英似的生活，我要去上海。

　　那时候，我是发疯地要逃开的，为什么现在我还说它好呢？

　　或许，人都是这样吧。当你身在某个环境的时候，你不觉得它好，当你离开之后，你能以一种更包容的心态来看它，你不再被它捆缚，你便可以不在乎它的缺陷。所以，时过境迁，我才能以更博大的胸怀来评价亳州，能看出它的好（当你离开之后，你发现，它原本平常的东西都成了它的特色，甚至是独一无二的优点），世界上还有这么特别的地方吗？

　　更重要的，其实是我已不可能再过那种生活。所以，如果让我找出我思念亳州的最根本原因，就是我远离了那种生活；如果我在那里，也许在当老师，也许被调到报

社，也许进了政府部门——如果我肯进的话；而我会不会变得世俗，会不会违背心智，我也说不准。

如果我在那儿，每个月两千多元的工资，可以走路上班，打的绕全城也不过二三十块钱；或许会买一套房子（2004年的时候，一百平米11万，后来房价上涨，但也不会太多，应该就二三十万吧），可能早几年就结婚了，也许孩子都上小学了。

我中午可以回家吃饭，下午没课就不必来了，不会离家千万里，不会千山万水被思念和乡愁煎熬。那里的工业不多，或许环境也没那么坏，虽然尘土多了点，可能身体会好点，生活悠闲，也许我还有心思写长篇小说……

我想的一切都是美好的，可是，如果我真的在那里生活了，我会过得如此完美吗？

首先我可能没那么多钱，房价虽不高，但当年我离开的时候家里是欠账的；没有污染，但尘土灰尘也是我不喜欢的；生活闲适，可我又喜欢都市的浪漫；或许都市才能让人深入生活，适合创作。不经历过大都市的动荡锤炼，我有今天的开阔思维吗？

所以，这些都得打一个问号。但有一点却十分肯定：如果我在那里，我也可以生活。人的适应能力是惊人的，用我爸的话说，哪里的黄土不埋人。

我只是没有选择那种生活，但那并不是必然的。如果我那样生活，那也是我的人生。

一切正如罗伯特·弗罗斯特《未选择的路》所写的：

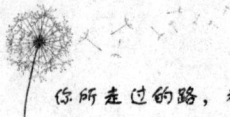

但我选了另外一条路
它荒草萋萋，十分幽寂
显得更诱人，更美丽
虽然在这条小路上
很少留下旅人的足迹……
也许多少年后在某个地方
我将轻声叹息将往事回顾
一片树林里分出两条路
而我选择了人迹更少的一条
从此决定了我一生的道路。

亳州，就是我未选择的另一种生活！

先成为自己的大英雄

> 人生是一场孤独的长跑，而早起，是幸福
> 人生的开始。

中国古语说，一日之计在于晨。很遗憾，我直到三十
几岁才真正明白这话的意思，也才真正重视它。

这么说好像我很懒惰似的，其实不然。这话我一直觉得
它对，也一直这么做。只是，后来有段时间我忽略了它，尤

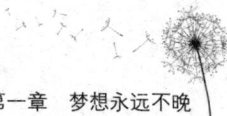

其是在运动方面，我严重背离了一日之计在于晨这种古训。

其实，我小时候也早起过，除了没上学之前，怕冷，冬天窝在被窝里不肯起床，上学之后基本都能早起。我小学时上早自习，很早就起来了，天很冷，大家不吃饭就去学校早读。学校离家走路需 15 分钟，六点多起床，六点半左右到校，上到七点半左右回家，正好可以吃早饭。

关于那段时光倒没什么特别印象，只是记得，那时候早起就是背诵语文课本。因为我们那时还没学英文，自然、历史、思想品德什么的又不需要背，数学在早上看也好像没必要，只能背语文。

寒暑假的时候，其实我也能早起。尤其是上了初中后，我开始迷恋文学，会起来朗读唐诗宋词什么的。夏天，白杨树的叶子哗哗地在风中作响，仿佛有无数的激情，而我看着白杨树叶那背光的叶面，想着这诗里的美好，便觉得人生很美妙，很值得留恋。

那时候我已经修得独处的技能，并且懂得欣赏别人不懂或不会在意的微小风景。张爱玲说的，人生最美妙的事全在那些无关紧要的事上，这于我倒是真的。

初中的早自习，我基本一节不落。不过，早操我倒是不怎么感兴趣。那时候我已经有了独立的思想，很不喜欢整齐划一，尤其是听着广播口令，几百人都做同一个动作，这让我觉得滑稽。但是，不做早操又会被记旷课，所以我一般都会去，傻傻地站在那里，不怎么做，除非班主任或校长来了，勉强敷衍几下。待早操结束，我便飞速地

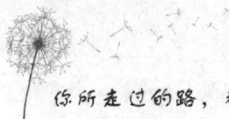

跑向教室，阅读语文或英文，那才是我最快乐的时刻。

高中时候不上早自习，全凭自觉，我一直都还是蛮拼的。但有段时间我得了感冒，还咳嗽，忽然觉得怕死，对自己起了怜惜之心。于是，怂恿自己睡了几次懒觉，没想到，越睡越懒，越懒越不想早起，越不早起越懒——于是，差不多十几天过去了，我成了早上第一节课迟到的人，学习也跟着下降。我意识到不能再这样下去，要尽快扭转局势。

上大学比较自由。早操只做过一段时间，后来就不了了之了，也没人记旷操，于是，我就睡到八点多，吃饭后去上课。这样的日子，居然持续了三年。大四的时候，一直打算考研的我因为某个女生的关系，反而赌气不考了——我告诉自己，我要去广阔的世界闯荡，要漂泊，成为作家，我要最终闪闪发光，不想走读硕士、博士、当教授的路子。我要证明给她看，我是一个天赋满溢的人。

这真的是一个失策的决定。多年以后，漂泊无依的我才恍悟，如果是读书或留校，这样一步一步地走，多安稳，而当作家，是一个多么艰辛不靠谱的事。但是，事情已经到了这个阶段，吹的牛也无法收回，只能继续漂泊，继续在社会摸索。

这期间，除了早上赶地铁上班，我几乎没早起过。加上长期伏案写作，我的脊椎就出了问题。我的健康顾问都让我早起，增加锻炼，但我一直没有耐心，缺乏意志力。尤其是在我选择自由职业之后，再不用上班，就更睡到早上八九点。

　　这里还有个个人的偏见，我一直觉得锻炼浪费时间，有那个时间不如多看点书，多写几篇文章。而在健身房锻炼，我觉得很傻，尤其在跑步机上跑步，像西西弗推石上山，很机械。

　　但是这种作息对身心真的不太好，太太说了无数次，让我起来锻炼，早点吃早餐，然后写作，再出门见朋友，但我总是懒得施行。有时候醒了，睁开眼看看，想想，又睡过去了。有时候心血来潮锻炼两天，然后又恢复如常。如此，已然成了一个浑浑噩噩的人。

　　其实不对，我写作，工作比谁都辛苦，我只是搞错了作息，没有合理安排，吃力不讨好。

　　这种长期不锻炼，晚睡晚起让身体越发吃不消，在医生们的建议下，我终结了多年的陋习，终于早起了——其实，人到了一定阶段，总会突破某个障碍，而之前，无论怎样都无法做到。

　　对我来说，恐怕更多的还是站在讲坛上的感觉让我觉得自己需要锻炼——我需要树立健康阳光的形象，感觉自己对腹肌的要求越来越强烈。于是，先是跑步，从零到一是最难的，跑两圈腿就酸了，如灌铅似的抬不起来。跑三圈心里就发慌，心扑通扑通直跳，甚至有在大学跑 1500 米的那种心率加速，要晕倒似的。

　　在这种情况下，我只好慢下来，然后再继续跑。经过一周左右的时间，终于从零突破到五，最后顺利跑到十圈。

　　跑完，再做些伸展拉伸运动，最后发现，锻炼的感觉

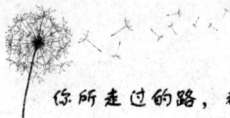

还真的挺好。而早起，让我看到不一样的风景。比如小区花园里有清新的空气，僻静的丛林，几个零星的早起人，一个学生在看书，一个胖子在慢跑，一个女士在漫步，一个环卫工人在打扫。

而所经路途的起伏弯曲，延展，更让我觉得是不一样的体验，尤其是竹林和花丛，让我看到人生的道路。那时候，我会想起村上春树所写的，当我们谈论跑步时，我们谈论什么，当我跑步时，我想到什么呢？

人生如一场孤独的长跑，恍如我此刻——太太去上班了，我一个人在跑。父母远在老家，兄弟姐妹无法相聚。朋友们日渐稀少，说句知心的话都不易，而和学生，和粉丝，是无法说这些内心话的，只能通过写作。

那一刻，真的好懂村上春树，好赞同这种比喻。尤其是当你穿越漫长旅途的时候，那种孤独的感觉只有自己可以体悟。但是，我们必须学会享受这种孤独，这种寂寞，除此以外，别无他法。

人生是一场孤独的长跑，而早起，是幸福人生的开始。就让我从早起开始，先成为自己的大英雄吧！

一切都是刚刚好

不英俊，腿不长，不是天才，不过这都刚刚好！

在 KKmall（深圳－京基·百纳空间）做爱情讲座，咖啡主题。

来的人都是俊男靓女，看起来职业光鲜——据我所知，里面有金融才俊、政府公务员、教师、企业 CEO、女性高管，年龄大都在二十多岁到三十二三岁之间。只有两个姐姐可能上了四十岁，不过，心态和年轻人一样，优雅中有时尚。

活动结束，我看到不少人的分享，其中一个说："陈老师，很喜欢你的人，也很喜欢你的文字和语言！也很喜欢你做嘉宾的《夜夜谈》节目。"

这个分享我看后特别开心。因为她是那么真挚，自然，看不出任何需要恭维我的地方，也没任何目的。而更重要的是，我看到了某种特别珍贵的东西。

从前的我并不讨人喜欢。那时候我非常孤僻，也有人说是傲慢，虽然我不承认，归结起来，还是好强，清高，不合群，不爱热闹，喜欢独来独往。这样的人，让别人喜欢真的很难吧。

何况，我又不是帅哥，不是长腿哥哥，没有靓丽的外形，不爱搞笑，不会幽默，还是电脑白痴，怎么会受人欢迎呢？

不过，现在这种情况似乎发生了天翻地覆的变化。从前，有几个女生对我说，你不帅气——真的当着我的面说的，真的不给面子，让人伤心啊！不过，许多年后，这样

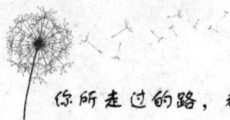

的情形再也没出现过。现在出现的，都是说我很帅的，有才的。虽然我觉得自己依然平淡，在电视上看自己也很难开心，因为不是自己想要的那种帅，但读者和观众的反馈却是，陈老师帅呆了。这让我很喜欢。

不过，说客观点，电视上的我的确要比我本人帅一些。因为我是小脸，瘦，上镜，在电视上反而显得好看。这个发现让我惊喜，多年耿耿于怀的瘦，终于有了美好的结果，这真是让人意外。

而再看我这张脸，也渐渐地具备了男性的讨人喜欢的特质，有时候我在镜子中看到自己，都由衷地觉得，还真是挺标致的——除了不高、瘦之外，单看我的脸，还是帅哥啊！

不过也有时候，又觉得怎么一点都不帅呢？那张脸咋就缺乏生气呢——瘦，有了额头纹，法令纹也出来了，这么想着，不禁有点难过。我的太太歌妮经常对我说，"有时候觉得你挺帅的嘛"，有时又忽然说，"怎么长成这个样"。看来，纠结的不光是我自己，也有看我的人。

不过，总体来说，我现在得到的感觉是，大家都觉得出席公共活动的我还是蛮帅的，最起码干净，舒爽，有个性，甚至有粉丝留言——"腹有诗书气自华，陈老师真帅气"，这样的留言真是放之四海而欢悦啊！

拉杂写到这，其实想说的是，我帅，当然好，就算不帅，那也没关系。就如村上春树所说，不英俊，腿不长，不是天才，不过这都刚刚好。太帅也会有很多麻烦，比如被女人纠缠，腿长坐车乘飞机可能不舒服，太有天才可能会担心才华枯萎，性格有缺憾。

而我现在，普通外貌，刚刚好，不会有麻烦；不是天才就不会恃才傲物，性格乖张；写作上反而一刻不懈怠，这样也许能写出更好的作品。

所以，一切都是如此好，刚刚好！

有梦更觉天涯远

> 梦想有时候也并非都是安慰剂，当你真正地生活之后，你会发现，梦想有时候也是更大的沉痛！

看到一篇小文，有梦不觉天涯远。作者是个文学青年，去城市追求自己的文学梦，去大学听课，加入作协，漂泊之后终于出了一本书。他感觉，一切都很好，很棒，最后他总结经验说：有爱不觉人生寒，有梦不觉天涯远。

这文章我看后，不能完全赞同作者的观点。这是因为我早过了那个追梦的年龄，当我以过来人的身份回望人生的时候，我发现许多时候，许多话，许多梦想是蛊惑人心的，甚至是陷阱，当初看着梦寐以求，其实要付出惨痛的代价。

但是，当人们不知道这些的时候，便以为那是对的。所以，我想写下我的崭新感受，因为这是我更进一步的发现，读到的人或许可以多一个视角，多一重思维。

天涯远不远？当然远。但是对到过远方的我来说，现在天涯一点都不远，因为我就在天涯。相反，我觉得故乡反而很远了，故乡在天涯，这是我以前从没想到过的。

小时候，我总是望着远方的地平线，以为那是天涯的尽头。长大后我想去看外面的世界，远方的风景，当时一心想着远方，根本就没想到家人。当我 2004 年辞职去上海的时候，我想我只是去工作，没有那么多其他想法，放假回家，过年回家，就像读书时一样，一年总有机会回家的。

可是，我到了上海才发现，原来回趟家也是不容易的。当我到了深圳之后，回老家变得更不容易了。这都是当年没有想到的，这或许可以看作追梦的代价，走远的后果，远走的苦果。

最关键的，像这样的情况并非我一个人。我认识一个医生，她已经有三年没回老家了——因为房贷、工作、孩子，压力大，加上过年时火车票难买，坐飞机太贵，让她无暇并且没有多余的钱回老家。想一想，你自己的老家三年没回，这是不是也是一种人生的遗憾。

我认识一个南方报业的媒体人，混得其实不错，但我最近看他的文章，也说过年回家一趟不容易，机票是全额，而且难买。如果不回家，那心里也是失落得很。看

来，每一个在外的游子，都多多少少有一份失落的情怀，那就是对父母、对故乡、对亲人的无奈与思念。

以我今天的状态而言，父母年纪都大了，一年回去一次显然太少了。就算我把父母接来，还有兄弟姐姐在那里生活。就说那次我侄女结婚，我大哥非常希望我回去，但我还是没有回成。如果在老家，我可以看着侄女热热闹闹地出嫁，这是多幸福的事。

我的侄女们至今没有见过我太太，因为我太太怕冷且过敏，所以过年是不回去的，只在五一或国庆回去，而他们平时在外打工碰不到一起。想一想，我都好几年没有见过二侄女了，父母想拍一张全家福的心愿，却总是无法达成。

比这些更让人心痛的是，当家族里的亲人逝去的时候，你因为种种原因没有赶回去。我二伯父去世的时候，我就为这事烦恼了很多天，买不到票没回去成，因此我失眠了好几个夜晚。而我的堂哥，在接到二伯父病危的电话时就往家赶，但始终还是没赶上见到二伯父一面，这就是山水迢迢的遗憾（当时是大年初七，我两个堂弟也没赶到，因为他们都是初六刚离开故乡返程）。

当亲人离世，你只能在千里之外，我觉得很遗憾，但有很多人都要面对这样的情况。

而今年的事情似乎更多，三个月前我听说外婆摔倒了，我正要回去看看，又听说外公身体更弱，可能还更危险。父亲说，你忙的话就不必回。我想，我要是不回，我估计这辈子都要愧疚，就像奶奶病重时我没回去，等她去世时才回去，我看到的是一个完全变了形的脸，完全认不出来了，这让我觉得我对老人不够好。

所以我必须面对这样的状况：要么经常辛苦地往家里跑，要么承受亲情的创痛。但前者几乎是不可能的，这就是我选择远方生活的困境。

就在前几天，我看到有两个作家都在写他们居于小城的好处。互联网时代，写作者未必都去大都市，他们在小城也都能享受到大都市的一切，还多了一份安逸。还有，他们显然避免了我在外面受到的思乡之痛，这是明智的选择。

如果再给我一次机会，我会不会义无反顾地选择远方？我想，我可能会选择一个离家近的城市，这样幸福感也会强点。

这并非是我被困难吓怕了，也不是我反悔了，更不代表我老了。我今天依然有梦，而且，我做出了更具勇气的选择——自由写作。生存的压力，写作的劳苦，这些我并不怕，因为选择就要承受，这没什么好说的，但思乡的煎熬，我觉得这是我生命的不能承受之重，这比写作时的寂寞更折磨人。

所以，梦想有时候也并非都是安慰剂，当你真正地生活之后，你会发现，梦想有时候也是更大的沉痛！

用自拍照定格青春的意义

> 90后用自拍裸照来定格自己的青春，也同
> 样是单纯而美好的举动。

前段时间，中国人民大学的几位女学生拍摄了毕业露腿照，在网上炒得沸沸扬扬。正当人们在为女大学生大胆而疯狂的举动争论不休时，几位90后女生摆着各种大胆姿势的自拍裸照或半裸照，又在网上掀起波澜。

这些90后女生拍摄、上传、制作的毕业留念人体电子相册，本来是发在个人电子相册里的，后来因为未加密码而导致照片流出。据看过照片的朋友称，这些自拍裸照非常大胆，"照片数量有惊人的百张之多，而且没有一个人是重复的"。

此情此景，批评者有之，担忧者有之，意淫的男人更有之。但是，我的朋友却说："现在的女生跟我们那时完全不同了，她们有自己的理念，她们太有自信了。"

这些90后的自拍裸照或半裸照被其他网友批得一塌糊涂，几乎没有人能理解她们为什么这样做，但我的朋友却用自信来形容这些自拍的90后女生，真是非常大胆且勇气可嘉。

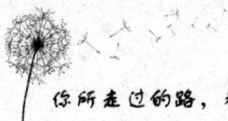

的确，这种女生已经跟有年代差距的我们完全不同了。前阶段，认识一个在深圳大学读书的女生，她毕业时要回到湖南老家，因为她父母希望她留在自己的城市。而她男友也是独生子，父母也同样坚决要求他回去，于是，两个相爱的人只能分手了。不过，在分手的时候，他们选择一起做了一件事——拍婚纱照。

这个女生说，他们也想一起生活，但父母的意志肯定是违抗不了的，他们又要对自己的四年爱恋做一个特别而又难忘的纪念，于是，他们决定一起去拍一套婚纱照。在这个过程中，他们像许多要结婚的人一样，一起忙碌，一样深情相对，婚纱照上的两人完全就像一对小夫妻，那么甜蜜。

据这个女生说，像他们这样选择拍毕业婚纱照的同学还有好多，大家都用这种方式来纪念那一段逝去的爱情，纪念一个值得回忆的青春。

像这种事，我估计年岁稍长的人接受不了。但年轻的一代确实已经与我们不同了，他们有自己的理想，有自己的思维，也有自己的认知，他们觉得这是美好而有意义的。那么，我们凭什么去指责他们？

青春是短暂的，短暂的青春值得纪念，那么，到底用什么方式来纪念，到底要怎样才能让我们以后可以回味，可以慢慢品尝青春的美好？

60 年代的人也许是上山下乡，70 年代的人也许是他们值得珍惜回忆的各种游戏，而 80 年代、90 年代的人，则拥有自己的纪念方式。每一代的纪念方式都打上了这一代的烙印，是属于他们自己的选择和特征，我们凭什么就说他们的没我们的高尚？

90 后用自拍裸照来纪念自己的青春，就像我们以前用拍照片、写留言纪念自己的青春一样，他们是冷静而自信的，慌乱的反而是我们这些人，有坏想法的可能也是我们这些人。

用自拍裸照、用人体相册来纪念自己的青春，或许正是 90 后想要彰显与我们的区别，或者可以说，是属于他们的一种特殊成人礼。就如"毕分族"用拍婚纱照来纪念他们的爱情一样，90 后用自拍裸照来定格自己的青春，也同样是单纯而美好的举动。

在梦想的道路上一路狂奔

> 只要你往前走，只要你坚定，你的梦想一定会实现，你的路一定会宽阔！

整理书稿，看到我很多年前写的一篇旧文，那时的我想做媒体，想自由撰稿，只是一时没找到路子，非常焦虑，艰难，艰辛，甚至都养不活自己。但是，那时我就相信，我一定可以找到出路，一定可以在文学里找到某种让我幸福的东西，所以，我坚定地往前走，执着地追求这个梦。

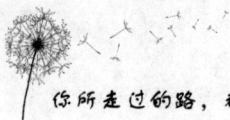

先让我们看看我当年写的一段文字吧："我不幸生为文人，竟然不能养活自己，不免有些惭愧。但小时候我可不这样认为——小时候我以为自己有才，长大了定能幸福愉悦。但是，长大了以后才发现——除了文学，我别无生存的技能。"

现在看来，这段文字概括得非常准确。但是，多年过去后我发现，文学也可以成为我幸福的所在，这就是时间的赐予。

只是，这一条路，并不平坦——大学时我曾特想做自由撰稿人，那时候出版界的自由撰稿人好像还不是很多，我发了疯似的迷恋，对世俗的赚钱方式不以为然，但是真正做起来，才发现这条路有多难。

在上海漂泊的半年，我起先做杂志编辑，发现那也是为别人，甚至是为某一个人打工，这并非是我想要的生活。不是不能打工，关键是打工耗费人的精力、时间和生命——我辛辛苦苦一月挣来两千多元，还不准我写东西，简直是卖给他（老板）了。

那一刻我告诫自己，不能这样过，这不是我想要的生活——我的生命不能被某一个人控制——某一个人不能主宰我的路途。于是，我开始做自由撰稿人。

但是，当时我的知识有限，人生阅历也非常浅，所以写的东西总不深刻，成不了系统，除了灵气与才情外，我当时的文章缺乏丰富的生活背景，也就没有多少养分。这就导致我的写作范围很狭窄，几乎只能写那一点，确切地说也就是人物专访和随笔，但这所得的报酬太少了。

一个朋友说你应该写文案，这样才能换更多的钱；还有朋友说你别写散文了，你的那些实在太个人化，没市场，你不为市场写作，怎么活？我想他们讲得都对，但我真的不能写，很多东西，比如文案，我尝试让自己喜欢，但就是喜欢不起来，我不能硬做自己不喜欢的事吧？正因为如此，我的自由撰稿之路就显得困难重重。

当时的我还想给媒体写专栏，但因为生活阅历有限，还没完全适应专栏市场化的要求。而且，我认识的编辑太少了，就我认识的那几位编辑来说，他们当时都不赞成我写专栏——一位安徽的编辑说我还不成熟，甚至笑问我有多大，上海的编辑认为我的文字太土，只有《深圳晚报》的姚女士让我发文章过去，叶倾城也比较鼓励新人——我虽然非常想写，但终于因为准备不充分，最后放弃了。

不过，我并没放弃写作。在做编辑的时候，我一边读书，一边写作，我想积累得多了，写得久了，总会有进步。就这样，我坚持到2007年的某天，看到《羊城晚报》的花地专栏，我给编辑写了封自荐信，没想到他欣然回复，我的第一个专栏开始了。从此，一发而不可收拾，很多杂志和报纸都来请我写专栏，我的专栏作家身份确认了。

当专栏写到一定程度，便有出版社来邀我出书，于是我又多了一个身份——作家。然后，当我开始回答很多读者的情感咨询信时，我不自觉中又成了情感专家——看似偶然，但其实非常适合我。因为我从小就内心细腻，又有

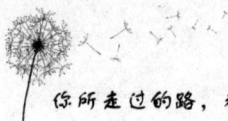

文学功底，而且我能理解男人，也了解女人，所以，我对婚姻的感受与评价会比很多人都有优势，这是最适合我的一条路。

这也让我觉得，一个人的路就在那里，只要你往前走，你总会抵达。

写到这，我不禁想起多年前写的那篇文章的结尾："记得当年，28 岁的王尔德去美国，进海关的时候人家要他掏护照，他说：我什么都没有，除了我的才华。我不敢说自己有才，但我最起码有梦想——梦想像一个火把，总能使人摆脱黑暗，而文学，这片广阔的海洋，无疑是光亮的，我且乘着小舟，掌撑火把，向最光亮的海上航行吧！"

这段表明心迹的话映照出我当年的梦想与坚决，而它终于验证了我当时选择的路是对的。

我想对那些依然匍匐在梦想道路上的人说，只要你往前走，只要你坚定，你的梦想一定会实现，你的路一定会宽阔！

总有一天会到达：梦想会在不经意间将你击倒

传说在火车未发明以前已经有铁轨穿过阿尔卑斯山，因为人们相信总有一天火车会到达那里，总有一天他们将乘着火车穿过阿尔卑斯。

多年杳无音信的同学忽然打电话给我，邀我参加同学会。可是，我实在无法抽身，我回家一次都不容易，同学会，对我几乎是不可能的奢侈事。

十多天后，他们又打电话给我，原来是他们没聚成，只有就近的四五个同学在 F 城聚了一下，还邀请了当年的一个老师。饭局上，同学忽然打电话给我，邀我回家，让我猜他们分别是谁。还有的逗我，说要向陈老师请教两性问题，让我觉得很好玩。

想想同学大都在当老师，而我，算老师吗？当初想做媒体，以为当老师太束缚人，没想到，多年后还是被人们称为老师——虽然此师非彼师。

是的，我今天的路虽然不够辉煌，但却是别致的。最起码，毕业那会儿我怎么也想不到我会成为情感专家，这一切，都是在摸索中完成的。那时，我只认作家一条路。多年后，我走了文学和爱情结合的路，你说是取巧也好，剑走偏锋也罢，最起码，是适合我的。

而我现在，我又不满足做情感专家了，我想成为一个创业者。好像在胡闹，因为我总不消停。

许多同学早放弃了最初的梦想，日子安静如流水，却踏实平稳。在群里聊天，似乎也没人问事业。吹牛闲侃，打情骂俏，似乎无比闲暇，又百般舒适。而我却天天想着新书的进展，公司的进程，忙碌焦虑到失眠。与同学比，我简直太辛苦了。可是，这是我的选择。我不知道能走到哪里，但我肯定会继续往前走。因为，如果不走，我便觉

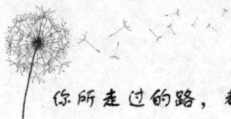

得我不再活着。

这让我想到 2004 年写的一篇文章。那时刚到电影杂志，我写的是心怀梦想——怎样为媒体梦奔波，挣扎，终于到了上海。虽然我的媒体路也挺辛酸的，但那又算什么，我终于走过来了，超越采访成为被采访的人。

这是上天给我的磨难，也是上天给我的考验，甚至可以说是礼物。因为，如果没有那些辛苦，我不会成为今天的我——不牛气，但最起码别致。

遥想当年从 F 城去《铜陵日报》考试的那个对前途充满恐惧的我，今天的我可以说是相当无畏。是的，我已经放弃许多，却也得到许多，这就是命运的公平。所以，我会继续走我的路。

这条路，依然有梦，虽然这梦已经变化，不再是做媒体，转行当了作家，但它依然是美好的梦，是引导我向前向上的梦。这梦，是正能量。当我回首旧路，我发现，其实，梦想在我心中从来都没消逝，它一直跟随着我，默不作声，但却一直都在潜移默化地影响我。这就是深入了骨髓，完全内化到内心深处，这种梦想，就仿佛毒，中得太深，已无药可解。

今天，我觉得，被梦想引领的人，也可以称为是被梦想袭击。

正如当年那文章所写——失婚的女作家（电影《托斯卡尼艳阳下》）望着装修好了的公寓十分沮丧，因为她觉得装修得再好也永远只有她一个人，永远不会在这里建立

家庭，举行婚礼。可是，后来这里不仅举办了一对年轻人的婚礼，还诞生了女作家朋友的儿子，而她也获得了爱情。这真是神奇又惊异的事。

正如电影结尾所说——"传说在火车未发明以前已经有铁轨穿过阿尔卑斯山，因为人们相信总有一天火车会到达那里，总有一天他们将乘着火车穿过阿尔卑斯。"

是的，人生贵在坚信。如果你觉得你会实现梦想，你就一定能实现。一往无前，不留后路，总有一天，梦想会在不经意间将你击中，这就是梦想的力量！

二十岁的时候你在做什么？

> 人生不像钢琴演奏会，不能说"对不起，错了"，然后从头开始，再弹一遍。

村上春树在《从这边门进来》里说，他二十几岁的时候相当忙乱。其实，熟悉他的人都知道，他是大学没毕业就结婚，开了一间酒吧，创业，还债，灰头土脸，日子紧巴巴的，凄凄惨惨。最后才开始写作，一举成功，从此，步步顺利。

这个顺序是打乱的，"一般人从学校毕业，就业，然后结婚，我的情况完全相反，结婚，创业，然后才从大学

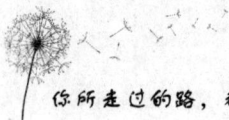

毕业。要说是乱七八糟确实是乱七八糟，但结果会变成那样的顺序也没办法。不像钢琴演奏会，不能说'对不起，错了'，然后从头开始，再弹一遍。"

从这边门进来，从那边门出去。因为有了这样的开头，便有了那样的结尾：二十几岁就那样莫名其妙地过去了，慌里慌张，没日没夜地干活，早起，被催还贷，尽管如此，还是养了很多猫。村上春树曾经在一篇文章里写自己三角洲似的贫穷——住在一个三角地带角落里的出租房里，在高速公路旁，冷风飕飕，车一过来，房屋里的空气都感觉到在震晃。漆黑的夜晚里，只有抱着猫取暖，那样的贫穷，真是心酸。

不过，幸而村上春树是个乐观的人，熬过了那一关，后来也就幸福了。

所以，二十多岁的样子，真的很让人好奇。

而我，我记得，我二十来岁的时候，正是大学时光。从农村出来，学费都交不起，只好欠着——大学时正赶上家道中落，父亲原先做药材生意，后来因年事已高不做了。弟弟打工，赚的钱只够他自己结婚时的简单购置费，而结婚又花了四五万彩礼钱，那些钱是父亲借的，分家之后，债务就落到父母头上。因此，我那几年，基本都不敢向家里要生活费。只有勤俭节约，同时写点文章赚点稿费，这样的日子，哪有余钱去恋爱，甚至去创业？

那时候，能吃上饭就不错了。至于奢侈的生活，从来没想过，衣服经常穿的都是校服，又宽又松，完全不适合我瘦削的身形。后来自己买过休闲服和牛仔裤，不过也没买多少件。没出门旅游过，也似乎没有做过家教，因为爱写作，所有时间都用来写作了，所以收入并不多。

现在看来我是缺乏财商，不懂理财，但对于那时的我来说，似乎只能那么干，因为时间必须用来阅读和写文章。

大学毕业，东凑西凑把欠的学费还完了，然后工作了八个月，心怀梦想就去上海闯荡，从此，踏上了漂泊的不归路。动荡，失业，换工作，跳槽，找不到自己，不断地磨合，缺乏机会，也错过机会。想要一份安定，却又无法安定下来。因为内心总不能平息，无法做一个听话的白领，不肯妥协。做房地产文案、写软文似乎又觉得委屈，只想当作家，写灵性的文章，这样的人不动荡才怪。

不过，就是在那样的动荡生涯里，也还是积攒了一点钱，帮父母还账——通常将所有工资凑够整数寄回家，自己却身无分文。

你能想象吗？有时候不知道房租怎么交，有时候真的不知道怎么吃饭。有一天看《艺术人生》，有个朝鲜族歌手说她一份蛋炒饭吃三顿。我虽没到那个境地，但确实卖过报纸和杂志——当时手头一分钱都没有，只好将平时买的报纸杂志卖掉，换了三十多块钱，后来跟一个同事借了一百块钱，熬到下个月发工资。

更惨的是，有一年从武汉回到深圳，快过年了，想着过年放假租房子有空档不划算，就没租，睡在同事的客厅沙发里。沙发已经破损，堆了很多杂物，脏兮兮的。白天

铺盖卷起，晚上就在上面睡，没有枕头，头就枕在沙发背上。同事洗漱上厕所，脚步声一遍遍从客厅走过，我哪里能睡着。这样凑合了二十多天，放假回家，年后回来才租的房子。现在想来，这是不是都是对我的考验呢？

二十来岁，真的没有意气风发过。一直找不到自己，一直为生存奔波，一直在可怜地求职，换工作。在这个过程里，唯一不变的是通宵地阅读，彻夜地写作，然后投稿，发表文章，就是想当作家。

时光就是这样迅疾，不知不觉中我也过了二十来岁，不知道是怎么过来的。曾经以为随时会倒下，曾经担心不知道下一步怎么走，明天怎么面对，然而，竟然就过来了。

这其中，有四年的杂志岁月，让我专心地写专栏，成为一个作家；又过了两年，我积累多了，见识多了，也知道自己要什么了，离开那家杂志社，去了一家财经杂志；做了十一个月，我辞职开始创业；创业了一年，感觉还是喜欢写作，然后又全职写作了。

然后，我就成了现在的我。

终于自由了。还好，也终于没有饿死。这真是奇迹。

所以，我的二十来岁，真的没有什么光荣事迹，唯一的骄傲是，从来没放弃过梦想。当年，深圳交通频率的主持人曾经访问我，做了一期《梦想与人生》的节目。有听众留言说，为什么请一个无名之辈。他们想通过成功人士的成功经验，然后换取自己的人生教训和启发，这时代就是这样现实。

　　我那朋友，他大约感动于我对梦想的坚持，不放弃，并且觉得这样的一个人值得鼓舞。谢谢那个朋友，他的人生与我不同——毕业后在合肥做主持，之后来深圳，甚至生活、婚姻都是他老妈一手安排的。如今他移民了，我却还在辛苦地写作。

　　这就是人与人积累的不同，我曾经说他是心有猛虎细嗅蔷薇，而我心里，住着一只兔子。

　　这是没有办法的事。我不能改变当时的状况，但我可以快速地提升现在的自己。这是我现在有把握做的事。

　　如今，看到电视里二十来岁的少年人做出很惊天动地的事情，我总是觉得惭愧。看看，人家在二十来岁的时候都做了什么，而你那时候在做什么？

　　其实想想，也不必这样苛责自己。每个人的现在都由他的过去所奠定，我在那个时代没有那样的环境支持，所以便只能有那样的境遇，这是很多因素的综合结果——我那个时候，似乎只能那样，否则，那也不会称其为我了。

　　村上春树好奇别人的二十岁是什么样的，或曾经是什么样的，是认真地想知道。而我，虽然二十来岁时动荡辛苦，但依然想知道，你的二十来岁是什么样呢？

第一章

你所恐惧的，
终究会成就你

成功的人都对自己凶狠，对别人怜悯

> 不如对自己狠一点，无所谓一点，像个水
> 手一样对自己说，那点痛算什么。

经常会见到许多抱怨成性的女子，比如，父母不理解自己了，男人不爱惜自己了，男朋友劈腿了，老公出轨了，自己被辜负了，上当受骗了，好像全世界都在为难她，与她为敌，让她过不去。

说到伤心处，扑簌落泪，那眼泪哗哗地就流出了。我是心软之人，心慈之人，最见不得别人掉眼泪，哪怕一个陌生人或悍妇，如果她掉眼泪，我也会觉得她挺不容易的，脑海里立即原谅她所有的不对，想她真是命运多舛，受苦够多。但又一想，不对啊——她为什么是现在这个样子，难道她自己就没原因吗？难道她做得都对吗？难道不是她一手造成的吗？

孤芳自赏，有可能真的有"芳"——比如梅艳芳，当

年唱着"女人花摇曳在风尘中，女人花随风轻轻摆动，只盼望有一双温柔手，能抚慰我内心的寂寞"。那是高处不胜寒，是真正的无人懂——但是，这份孤芳后来也凋零了。可见，孤芳自赏终究不太好，伤神。

我觉得世间大部分女子，多半不是孤芳，是自怜。比如有个女子，是我做嘉宾的节目《第一调解》的当事人，她年轻时在老家带孩子，老公在深圳工作。当她指责老公出轨时，老公指责她也出轨。她就找原因——"我出轨是因为你常年不回家，我出轨是因为孩子病了，离医院远，没人帮我，那个屠夫，他用自行车帮我把孩子驮到医院……"说得声泪俱下，似乎出轨情有可原。

其实，很多女人会因为男人帮忙而以身相许，这是底层女性的生存现状之一。但如果觉得有人帮忙就要以身相许，无奈之下就可以出轨那就错了。

而那女子最让人惊诧的还不是出轨，是她在节目现场的哀怨。她说身体不好，老公不关心，数十年来都不闻不问，她每天都痛，都疼，然后全副身心都放在她的疼上，其他一切都不管了。

可是，谁不疼呢？我妈妈以前每到下雨阴天就会心口疼，年纪大了腿疼，但我们从来都听不到她说，只有细心的我能看到，能感受到。我妈妈说，我们有个邻居，有一点疼就叫喊得不得了，一点小病就张扬得全世界都知道，另一个邻居则默默承受，一个人化解所有的痛。前一种人我们笑她不担事，后一种人我们赞她忍辱负重。显然，我

们更欣赏后一种人。

不光底层人士，有些上流人士也非常骄矜，只要受一点累，吃一点苦，遭一点罪，她（他）就觉得委屈。《钢铁是怎样炼成的》里的冬妮娅，其实就是吃不了苦的典型，她想过小资产阶级的富裕安稳生活，而不想跟保尔投奔革命受罪，所以她选择了分手。

影视剧里也有这样的案例，女主角为了富裕的生活，投奔她并不爱的人，因为她觉得自己美丽，天生丽质，不该过贫贱的生活。可是，丑人就更该受罪吗？

生活给每个人的都是艰难考验，每个人都有幸福的权利，凭什么别人可以忍受，你就不能忍受？凭什么漂亮的人就该更幸福？所以，别再自怨自艾，谁都有苦痛的时候。

男人也是。从前，我会觉得自己很辛苦，可是哪一个人不辛苦呢？那些成绩好的人，哪一个不是付出了巨大的代价、全部的时间？创办财经杂志《睿财经》的时候，我采访过许多企业家，他们中有的说饿过几天肚子，有的说吃过冷水泡方便面，有的说睡过公园座椅。说的时候，轻飘飘带过，好像那根本就不算一回事。这样的人，是让人敬重的。

相反，也有男人受不了。比如，我认识的一个企业家，他就说自己当年在香港人生地不熟，语言不通，说自己的不容易，说自己的付出，满满的都是自怜。

更有人为了避免吃苦，选择傍上富婆，这样的男人也是自我怜惜的典型。

我记得，《挪威的森林》里的永泽曾对渡边说：永远

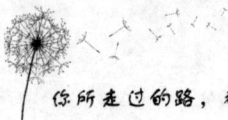

不要怜惜自己，因为怜惜自己是弱者的行为。那一刻，我深为警醒。我年轻时怜惜过自己，但我发现，你越怜惜自己你就越痛苦，因为你觉得吃了那么多苦，忍受了那么多寂寞，你应该更幸福——现实未必给你那么多，你更难满足。

不如对自己狠一点，无所谓一点，像个水手一样对自己说，那点痛算什么。

这才是真正的女子，这才是真正的男子汉。

如果没有寂寞，人生怎能丰盛？

> 每个人都是孤独的，但是，并不是每个人
> 都能忍受孤独。

每个人都是孤独的，但是，并不是每个人都能忍受孤独。孤独的价值，也并非每个人都能发现。

我记得我小时就能领略孤独的魅力，当所有的小伙伴都在玩斗鸡，挤油油，跳绳，扎皮卡的时候，我会自己一个人去小树林里漫步，在田野里游荡。看着炊烟升起，远处的村庄与地平线连成一线，近处的村庄郁郁葱葱，我会想，那远方到底是什么呢？远方的远方又是什么呢？

那时候没有广播，没有电视，更没网络，我所知道的世界就只有自己的村庄那么大——前后几个村稍微知道一

点，偶尔路过或去过一次，但对那村庄里的人和事也是不熟悉，更远的地方就更不知道了。

但是，我可以理解一个人的乐趣。比如，夏天的时候，在田野的路边坐着或者躺下，白杨树高擎入云，硕大的叶子在风中哗哗地作响。那时候东南风无穷无尽地吹，摇曳不停，我能感受到那风的寂寞和它的所向披靡。我知道它来自远方，后来读过一首诗，季风带来远方的信息，我想那时候是否有远方的人给我带过信息呢？

我会在那里坐一个上午，或者一个下午，如果有书的话更好。可惜那时候书很少，我除了课本几乎没有一本课外书，只能看着蓝天，无穷无尽的云，无穷无尽的风，无穷无尽地刮，感到天地茫茫，人生苍凉。

其实小学时代我还算比较活泼的，没有表现出孤独的特质。但到了初中，迷恋上文学，我发现我和其他人不一样了，尤其是当所有人都喜欢成群结队的时候，我喜欢一个人——一个人去食堂，一个人上早操，一个人上厕所。那时候，有人说我孤僻。

我就是不爱参加集体活动，讨厌大扫除，同学踩着我的课桌调灯管我也会介意。伙伴们喜欢的事我大都不喜欢，看书学习之外，我似乎能自得其乐。

那时候，我已经萌发出懵懂的情愫。比如，喜欢一个女同学，却从来没有开始，知道年龄小，知道不该早恋，知道要学习，也知道那时候和她有差距——她父亲是镇司法负责人，而我家是乡下的。只好将一切美好的想象都寄

托在她的身上，或者寄托在某一个虚空上，那虚空的梦中
情人是集大成者——她浪漫，美丽，深情。那时候我已经
看过电视剧《几度夕阳红》和《在水一方》，对琼瑶剧里
的女主角，尤其是刘雪华非常迷恋。因此，喜欢的女生也
是那种感觉的，眼睛大大的，文文静静的。

放暑假的时候，觉得时间特别漫长。和母亲去很远的
河湾锄草，栽树，小河穿过镇上来到这里，站在河滩上，
虽然很远，但可以知道镇中学所在的位置，她在的位置。
我望着那个方向，心里有无限的思念涌起，那一刻，竟特
别想见到她。

但是，我又不能对妈妈说，不能对任何人说。乡下
的世界是安静而沉静的，两个月的暑假显得那么漫长，我
哪里都去不了，就只能在乡下，好想见她一面，却无法实
现。那时候我就饱尝相思的滋味，深悟爱而不能得的煎熬
和无奈（现在的理解）。

到了高中，我的人际关系出了问题，和同学相处不
好，总是有这样那样的问题，别人都成群结队，我却孤家
寡人。初中时还可以有优势，有老师宠我，高中严重偏
科，数理化很差，我显得一点都不出众。尤其是高一，我
的综合分非常低，而那时我又再次迷上文学，整天想着去
流浪，去写作，去看三毛写的《撒哈拉的故事》。

大学时和室友关系不好，就搬到外面住，一个人放学上
学，刮风下雨，春天花开花落，夏天蝉鸣聒噪，看樱花开了，
会无比欣喜，樱花落了又非常伤感。有时候走在路上，会忽

然感到没有人生的趣味——为什么别人都可以成群结队，为什么自己只有一个人，难道自己真的那么差劲吗？但是没有办法说服自己，不愿意承认——孤芳自赏，最是寂寞。

后来，我经历了长达十年的漂泊，各种心酸不再赘述，总之是经历了前所未有的孤独。很多时候，让你艰难的不是衣食无着，而是天下之大居然无一人懂你——你觉得你满腹才华，却无人欣赏；你对世人友善，但人家却暗算你；你向世界微笑，世界却还你以残忍。

那个时候，走在上海的街头，我忽然就想停下来放声大哭，我为什么要辞职呢？为什么要追求作家梦呢？现在我找不到自己的位置，生存都成了问题，我的梦想究竟值不值得坚持？感觉自己像一个失败者，一个与世格格不入的人，一个异类。那种孤独，是黑暗深处，了无声音，扔下去一颗石子，却空无回音。

这种孤独在四五年后更加明显，那时候年龄相仿的朋友同学都结婚生子了，有的都当上了领导，而你还要去找工作，在大城市穿梭，追求你的作家梦，说起来是不是很可笑？人家看着一定觉得愚钝，或者说落伍了。

地产文案，策划编辑，设计网站主管，教育报采编，日报记者，我做过太多职业，流浪过太多街头。那些年，走马观花似的换了许多工作，见过许多人，始终找不到感觉，人生没有一个安稳。但是，居然也过来了。

现在想想，我那时候多失败啊——在深圳街头有一个瘦弱的文青，从来不锻炼，也不上什么培训班，不考这个

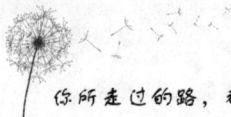

证那个证，什么提升都没做，就只上班下班，抱着文学书狂看，熬夜写作，穿得萧萧索索，头发蓬乱……但是，居然也没有不好意思，因为那时候还没接触到上流社会。当然你也不会记得那时的我，因为彼时我最落魄。

这种生活持续了很多年，直到我终于到主流媒体工作，有了四年的安稳。然后写了无数专栏，出版了两本书。可是，出过两本书的我依然对世界无能为力，在职场要被领导穿小鞋，可怜的薪水都不好意思告诉别人，想换工作但不知道该干什么。偶尔见过几个用人单位的人，感觉人家都混得风生水起，自己究竟怎么了？这么多的才华怎么就无人欣赏呢？最后还是不了了之。

接着去开淘宝店，卖过女装，弄过大米，还准备生产男士内衣，折腾了大半年，换了几个项目，发现自己都无长久的耐心。最后忍无可忍，就辞职了。又到了一家财经杂志，以为会有新的开始，但依然重蹈覆辙。最后，干脆彻底辞职。不过那时候已经看过一些财经杂志，有了商业的概念，没那么怕了。

很多人是混得好，梦想很大，才会辞职创业。我是迫不得已，实在是对职场失望了才辞职。我创业不是为了钱，是为了自由，为了舒心，为了不受任何人限制。但这自由来得太晚。

不过辞职后，我发现另一个完全不同的天空。怎么我的世界忽然变了呢？也许这就是寂寞。我似乎一下子就懂了所有东西，商业模式也好，品牌策划也好，活动组织也

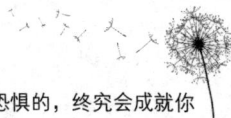

好，之前只会写文章的我从来没锻炼过，学习过，现在居然全会了。好像一下子打开了阀门，原先被遮蔽的东西一下子喷发出来，让人刮目相看。

现在想来，这也是上苍对我的考验。如果我当初混得好，我可能就一直在职场混了。如果我当初飞黄腾达，我就没机会体验孤独的感觉。而我用了十年在人世飘荡，就只为体验所有的心酸、无奈、艰难和无望，当所有这些都结束的时候，生活才终于出现了彩虹。

所以，我有时候会想，这是缪斯之神对我的试炼，我要经受住考验，才可以有资格进入文学的殿堂。而我忍耐了所有，所以我有资格向别人传送。我在寂寞上开了花，我让孤独盛开，我曾流离失所。

痛苦是因为你读书少，想得多

> 不争便已是胜利，不争即是智慧。

杨绛先生生前有一句话流传很广，说痛苦是因为你读书少却想得多。我不知道她说这话的语境，也不想去查，因为我知道，她说得对。

这世间的很多烦恼，都是因为读书少，想得多。读书少，见识就少，思想就狭隘，看问题就有局限。眼光有

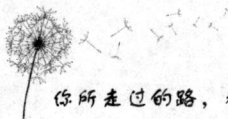

问题，品位也会有问题，世界观就有了问题，看到富贵就嫉妒，看到贫穷就嫌弃，看到困恼就躲避，看到诱惑就投奔，于是一系列烦恼也就来了。

想得多，想的不是世界、人生这些大事情，而是想人家怎么对我，我该怎么应对人家，想我该要什么样的待遇，该怎么去争取；为什么他们都这么世俗、世故？为什么他们这样对我？我是不是哪里做错了？其实，你越想越迷惘，怎么想都想不明白的，而且，会越想越难过，情绪低落，精神萎靡——最后感叹，这世界不好玩。

其实，如果你读书多，想得少，反而会快乐。因为你不计较得失，不去算计这个世界怎么待你，也不担心这个世界的伤害，那样的你沉浸在自己的世界里，做正确的事，做问心无愧的事，哪管他人评说，哪管流言蜚语，你就只做自己，那样的你会很快乐。

冰心先生之前说过一句话，和这句话有异曲同工之妙。有次铁凝去看她，谈到恋爱问题，冰心说：你要等，不要找。这看似一个积极与消极的对比，其实是深刻看透了缘分。而且，她明白，属于你的，你不找它都会来，不属于你的，你强求都不可得。而属于、适合这些怎么判断，其实就是一个眼光问题，心性问题，气质问题，灵魂高度的问题，等到的人，一定是对的人。找来的人，往往耗费心血，对此我非常有体会。无论友情还是合作，你积极寻找的往往成功不了，无心插柳，不在意，某天，真正的好事就会降临，找上门。

有个大师说的一句话也是挺有哲理。有人问大师，小孩子不爱学习怎么办？大师问，你复印过文件没？答曰，复印过。大师说，如果复印件上有错误，你是改复印件还是原稿？听者恍悟，肯定是要改原稿，于是回去找自身的原因。

很多时候，痛苦的原因就是我们总看到别人的缺点，却看不到自己身上的问题，正是我们自己的某些缺点，或者正是我们自己没做好，才让身边人也都跟着学坏。

说到根本原因，我觉得痛苦主要还是因为我们要得太多，这方面，也许还是杨绛说得对。杨绛翻译过一首小诗："我和谁都不争，和谁争我都不屑；我爱大自然，其次是艺术；我双手烤着，生命之火取暖；火萎了，我也准备走了。"

这是《生与死》——英国诗人兰德暮年之作。也许这才是最豁达的人生观，和谁都不争，和谁都不抢——争来的，费心思，耗精力，也不是真爱，人家也不服；抢来的，人家失落，记恨，总会想着夺回去。

和谁争都不屑，不是清高，是超脱。你们在意的我都不要，我要的是至高无上的知识和智慧。我爱大自然和艺术，因为这是生命快乐的源泉。我用生命之火取暖，我烤的是自己，那火要灭了，我也就该走了。

如果能达到这样的人生观，如果能修炼到这样的境界，怎么还会和人争得面红耳赤呢？怎么还会斤斤计较费尽心机呢？

不争便已是胜利，不争即是智慧。

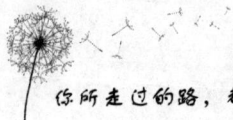

人生最贵是知耻而后勇

用钢笔写作，显然要比敲击键盘优雅多了。

看到一条微博，说"英雄钢笔以 250 万转让 49% 股权"——英雄钢笔作为最早一批上市的老牌国企，净资产曾于 1996 年达到 3.72 亿。然而截止今年 7 月底，公司净资产仅剩 208 万，并于日前以 250 万的"低价"挂牌转让 49% 股权。新闻最后一句是："与其形成鲜明对比的则是，外资品牌在中国的高速发展。"

我想，这恐怕并非只是中外品牌的较量问题，更多的还是互联网的发展造成的吧。

因为对英雄钢笔还是有情结的，所以我不假思索地就转发了这条微博。在我转发之后，有个网友深情地评论说："前几天刚买了一支钢笔，可惜不是英雄的，回头赶紧买一支，缅怀一下！"

我们小时候都用过钢笔，看那美丽的笔尖在纸上沙沙地划过，很有韵律，很有节奏，且充满深沉的画面感。我记得看过一部电影，好像是《情人》吧，开头就是钢笔在纸上沙沙地划过，奋笔疾书，很有急促与澎湃的感觉，这真是让人感动的瞬间。如果没有饱满的激情，如果没有绝世的才华，如果不是内心充盈着太多的灵感和情愫，她怎么可以写这么快？

所以，用钢笔写作，显然要比敲击键盘优雅多了。

我小时候用过很多钢笔，当然也有英雄钢笔。我记得都是用蓝墨水，也用过黑色的，不过没蓝色的好看。造型特别的钢笔，我记得有一种像玉米的，非常好看，不记得什么情况下买的了，总之，我出去玩都揣在兜里。

钢笔是矜贵的，它代表了你的成长，代表了你的进步。当你拥有人生的第一只钢笔，那基本就意味着——你不再是小屁孩了。

钢笔质量还好，只要不是特别用力，都能用上一两年。但是，墨水却要经常换。那时候墨水还挺贵的，用完了，不能及时补给的时候，便只能向同学借。所以，谁肯借墨水给你，也能看出那人对你的感情与友谊。

让人印象深刻的是，那时钢笔的吸水管总是会脱落，或者漏墨水，弄得你满手都是。这是我最怕的事之一，因为太麻烦了，还要去洗手。

不过，我的钢笔字写得并不好。大约是握笔的姿势不对，我写出的字总是歪歪扭扭的，即使不歪，也没刚劲的气势。我父亲当年曾为此狠狠地批评过我，但直到我上大学，也没能改变这种糟糕的现状。我当时固执地想，只要成绩好就行，字写得好不好并不重要——因为我一个熟人，他字就写得很好，可是成绩一般，这就是明证。

或许是托了科技发展的福，多年后奇迹般地普及了电

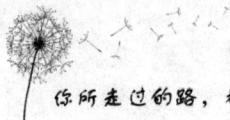

脑，再不用写字，我为此还得意过一阵。不过，当我签名售书的时候，我才发现，我的字拿不出手。当读者站在你面前，摊开扉页，带着期许看着你写，他一定希望你龙飞凤舞——可是，你却写出了毫无风格的字。

当然，作者的身份多少还是容易被原谅的，再说，哪怕字体再丑，当场过去也就算了，谁会计较那么多呢。倒是有一次，我去一个女企业家那里做客，我们都是出版过书的，她说，互签吧。于是，在她华丽的办公桌上，我们就现场签了。接过她递过来的书，发现她的字好美，而我的显然拿不出手，两相对比，真让人尴尬。

不过，人家都说，知耻而后勇，我加倍努力，应该还是可以挽回面子的！

你那么偏强，怎么走四方？

> 你偏强地以为，全世界只有他一个人值得爱，只有他一个人是可以爱的，殊不知，那不过是你的一厢情愿。

人都说年轻人应该有一些偏强和固执的性格，在该任性的年龄如果不做一些任性的事，那是非常不符合年轻人特征的。

比如，年轻时怎么都不听话，非要去远方；明明可以在熟悉的城市上学，偏要跑到很远的地方；明明可以安分地工作，偏觉得单调无聊，看不惯，听不爽，想去远方看看——世界这么大，而你只憋在小地方，这是多残忍没出息的事情啊！

比如，父母让你找一个家庭不错的人家，结婚生子，早点步入人生的正轨，但你偏偏想继续等那个你喜欢的人，你为他朝思暮想，为他变成精神狂人。你倔强地以为，全世界只有他一个人值得爱，只有他一个人是可以爱的。殊不知，那不过是你的一厢情愿。

再比如，明明知道和一个朋友闹掰了，是自己的错，但就是不肯去道歉，不肯服软，远走高飞或者擦肩而过也绝不相认，这是青春的傲娇与任性。

但是，不管怎样，如果是少年时候犯这些错，都不算错，因为那时年轻啊！年轻就是毫无顾忌，一心只想着自己认准的事，十头牛都拉不回来；年轻就是毫不知反省，后悔，一后悔你就老了。年轻就是用来犯错的，如果不犯错，怎么知道什么是对的呢？如果不错，怎么有教训让他以后回味反思呢？

但是，我们也遇到一些人，他们年龄不小了，四五十岁了还那么倔强，任性，这就太不可思议了。当然，这部分人有自己的人生哲理，比如，他们会说，我活了三四十岁，难不成还为你委屈不成？我可不想讨好任何人，本尊没有这个闲情。他们之所以有这个感想，大多都是因为已

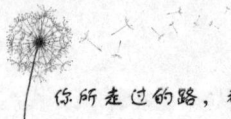

经知道了人生不过如此，再努力又能怎样，他们的事业、才华也到顶了，没有多少上升的空间，也就认命了。一个人一旦认命，他也就真的老了。

所以那些老人会说，我够吃够喝图个舒坦得了，其他人，不理解我的，我也懒得理睬他。人家不热情，我何苦热脸贴冷屁股，我才没那么卑贱。于是，他们越发任性，再不讨好任何人，再不肯委屈自己，很多人得罪了，很多事情错过了，很多机会溜走了。他们真的只剩下他们自己了。

你如果年轻的时候不倔强，说明你老了；你如果年老后还倔强，说明你幼稚。你这么幼稚，任性，倔强，你怎么走四方呢？怎么开拓辉煌的人生呢？

我们都曾狂放不羁，最后选择平凡

> 她从来不是一朵大红花，从来没大红大紫过，一直是一颗倔强的小草，能这样形容自己，我觉得她已经成长了。

因为江苏卫视《蒙面歌王》，我对谭维维有了深切的认识。

我以前听过谭维维唱歌，大概是 2011 年在深圳音乐

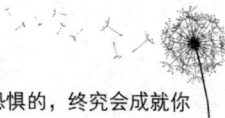

厅的一个小型演唱会。而她当年怎么红的，怎样在超女的舞台上绽放自己，包括她是冠军还是亚军，我统统都没关注，但是那晚受演出公司邀请，我去看了她的演唱会。

我和女朋友还有小白、辉仔一起去的。谭维维很敬业，使出了浑身解数，尤其是高音部分，声嘶力竭，让人感叹。这是年轻人的力量，反正，我是喊不出来。不过，因为没有太多自己的歌，也因为毕竟出道不久，还不成熟，始终没有特别打动人心的歌曲，所以我们也点评不出个一二三来。

这之后，再没在意过谭维维。直到这次，在《蒙面歌王》的舞台上，来了一个戴着野草面具的歌者，有人说那是谭维维。看感觉我觉得应该是她，因为，汪峰在场外猜评也说是她。开始的几首歌都很棒，有萨顶顶的感觉，也有爱戴的味道。后来挑战了几个高音，让我的心也跟着往高处走。但是，谭维维给我的感觉却是，太过炫技，太高的音只会让音乐显得漂浮，不扎实，无法深入人心（个人感觉）。因此，在前几期里，我完全没被打动。

后来她唱了《一生所爱》，这是电影《大话西游》的主题歌，她的粤语虽然不够标准，也没超越原唱，但感情还是够的。后来又唱了《站台》，改编了《映山红》等几首老歌，掌声一片。也许因为唱得多了，锻炼得多了，最后 PK 赛时，谭维维几乎是拼了，唱得所有人热血沸腾。这一战，她终于称王，给了自己一个交代。

尤其特别的是，我有幸作为《蒙面歌王》半决赛的乐

评员，与方文山、巫启贤等一起评论。这次，我从彩排看到现场，终于对谭维维从无感到喜欢，尤其是在李克勤、许茹芸等这样的高手中能突围出来不容易。不过也有人对谭维维现在的定位不满，一个乐评人说她什么歌都唱，乱唱，所以找不到自己的定位，炫技，不走心。

我想，不走心可能是因为年轻，缺乏沉淀，但歌唱路子宽广，流行、民歌、摇滚都可以唱，也说明人家实力强，而且还喜欢改编，敢于挑战，从这个角度来说，我倒蛮欣赏她的。

乐评人里，好几个觉得她现在找不到自己，一个乐评人说还是喜欢她当年唱《谭某某》的霸气。我找来谭维维的一些歌来听，发现确实实力不错，而且《谭某某》唱得更好玩，有人说这歌有讽刺他人之嫌，但谁能说那不是当年真实的心情？也许，这是一个人的自信。

年少轻狂总有这样的自信，但当自信受到阻碍的时候，人又会自我怀疑，所以谭维维也会有压力。甚至可以说，这几年谭维维其实是比较压抑的，憋屈的——论实力，她不输任何人，但她却始终未大红大紫，所以才有"野草"这样一个代号。

对于"野草"这个名字，她说，她从来不是一朵大红花，从来没大红大紫过，一直是一颗倔强的小草。能这样形容自己，我觉得她已经成长了。

谭维维确实不容易。早在四川音乐学院时她就拿过音乐奖，办过演唱会，甚至登上过维也纳金色大厅。但是，

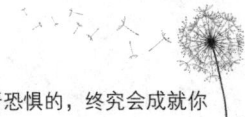

当时的唱片业有些荒凉，她只能参加选秀，结果获得超女比赛的亚军。

这之后她参加了一系列的演出，出唱片，一次次地蜕变。这一次的封王，这就像某些人，总赶在了某些机会的末尾，什么最好的都轮不到你，但是，你用实力让自己突破，突围。

我对这一点感触最深。有时候，你没有那么好的机会，一旦有个机会，你的光芒就会射出来，才华掩不住，毕竟太耀眼。从这个角度来说，谭维维的经历其实蛮有说服力的。因为许多人都有这样的遭遇，许多人也都在寻找突破，寻找机会。而现实未必给你这么完美的机遇，尤其是当有人比你红的时候，你该怎么办？除了继续学习，除了修炼实力，别无选择。

这就是野草的魅力。

鲁迅在《野草》题词里说："生命的泥委弃在地面上，不生乔木，只生野草……"这也可见野草的顽强生命力。

野火烧不尽，春风吹又生，这就是野草。而谭维维自己也说，她从来不是大红花，一直是野草。也许年少的时候，都想称王，都想拿第一，但当你成熟之后，你会发现，太过功利反而会影响你的艺术表现，所以她现在心态很平和，心境自然，享受音乐，这才是成熟的她。

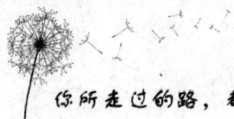

你总要舍下一些东西，才能获得新东西

> 放弃、舍弃一种东西，才能获得另一种东西，要不然，心累，盛不下。

　　熊猫是我的前同事，她原先在武汉某著名杂志，后来，杂志领导将她调到深圳。我不知道杂志领导许诺给她的是什么条件，因为我到杂志社的时候，熊猫已经是老员工了。她刚修完产假回来，参加选题讨论会，她都有些不适应。

　　据说女人生完孩子，会稍微迟钝那么一会儿，也许是真的。

　　熊猫是个好人。我这么说完全是有道理的，她性格直爽，说话直接，为人善良真诚，所以她外面的朋友挺多，但本单位的朋友就不是很多了。因为单位讲究人际润滑，像她这样直爽，是不会太受欢迎的。

　　据说，熊猫原先在杂志社也被委以重任，做广告部经理，但收款不力，被调职转做编辑。也就是说，在领导那里相当于被判了死刑，不再重用，这对熊猫来说也是一种打击吧。

　　熊猫自己是知道的，所以有时候言谈中不免会感叹。熊猫和我挺聊得来，因为我也是坦荡之人，俩人都算是性

情中人。有时候，办公室没人的时候，我们也会聊到一些
人生话题，比如，熊猫在武汉杂志社是有编制的，还有股
份，离开之后股份没了，现在虽然有编制，但事业单位改
革，杂志社很多福利就没了。而我原先在安徽当老师，也
是有编制，离开之后成了漂泊一族。我们感叹，如果当初
不出来，现在多安稳。

　　不过，感叹归感叹，我还是很欣赏出来闯荡世界的
人，包括我自己。我只是偶然想到自己到处漂泊无依，没
有安稳，所以，和她聊天的时候会叹一叹。熊猫则感叹得
更多一些，因为她曾经的经历和我不一样，比我丰富多了。

　　我和熊猫成了关系很铁的同事，彼此都会相互关照。
有一年，熊猫的丈夫急性阑尾炎发作住在医院里，那是熊
猫最忙碌的时刻，又要顾工作，又要顾女儿，还要照顾病
床上的丈夫。因此，她有时候上午来单位一下，下午就匆
匆地走了。走时她总交代一些未完成的事，我都尽心帮她
完成。

　　更早的时候，我参加过她女儿的一周岁生日宴。她
老公是个挺帅气的人，文质彬彬，气宇轩昂，是浙江大学
高材生。据说以前的女朋友都是校花，后来一起做生意的
合伙人卷款逃跑，算命先生说要找一个旺夫相的女人为妻
最好，经人介绍，认识了熊猫。而熊猫据说之前也遇人不
淑，情感不顺，还被骗财。那段时间也很低落，工作时都
恍惚，后来遇到老公，两人一见钟情一拍即合，很快结
婚。现在，老公开贸易公司，熊猫做媒体。有时候下班，

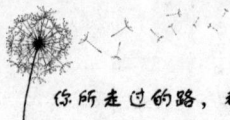

老公会来接熊猫，我们都觉得她很幸福。

但熊猫似乎一直不是特别开心，因为她其实是女强人的性格，当年在武汉，华东发洪水，她还上第一线采访过呢。也就是说，熊猫曾经也是轰轰烈烈过的，现在事业平淡，让她内心多少有些失落，她经常感慨，心有遗憾。刚开始还好，因为部门负责人是个比熊猫晚到杂志社两三年的人，人也不错，水平也不错，还能接受，后来则换了一个 80 后主任，领导大家，熊猫便觉得更加尴尬。我也有点这样的想法，毕竟我那时候出了两本书了，但因为我并没有将杂志社当唯一的事业，所以也没那么在意。但是，我和熊猫聊起过这个事儿。

有一次我肾结石发作，疼得躺在地山打滚，其他同事照样在电脑旁打字，说话，唯有熊猫赶紧跑过来，扶起我，到楼下，打车到医院，把我交给我太太，这才回去。那时，我和部门领导的关系已经有些淡漠了，但就算如此，看着我躺倒在地上，他也不抬头，人性的冷漠，还是很让我震惊。相比之下，熊猫的举动就很让我感动。我太太后来也多次说，熊猫是好人。

有了这层关系，我在内心对熊猫更多了一份亲近。

后来，我终于辞职离开杂志社，和她联络甚少。我以为熊猫会在单位工作一辈子，但没想到一年后她告诉我，她也离开了。我问原因，她说父亲在武汉生病，要去照顾，还要照顾女儿，忙不过来。我想，天下没有不散的筵席，她终于离开，杂志社更没我牵挂的人了。

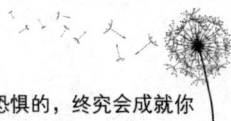

后来，我创业，做财经杂志，做文化，再后来，做情感沙龙，交友派对。有一天，我去一个地方讲课，路过街口，看到一个人很像她，便上去辨认，果然是她。我喊她，她看到我，非常惊讶，开心，问我现在做什么，我说做婚恋培训，她说挺好啊。我问她要去哪，她说去一个朋友那看看，那朋友邀请她去他公司。我恍然大悟，原来熊猫要找工作。那一刻，我很想邀请她跟我一起做情感培训，因为她之前在杂志社就接听情感热线，有经验，但又不好贸然开口，再说，我现在也开不起更高的薪水，想想便算了。

匆匆告别。互道珍重。

那是她刚从武汉回来。现在，她在一个母婴机构工作，看到我发布的众筹咖啡馆消息，她说有朋友做咖啡，如果有什么需要的让我告诉她，她帮忙看看是否可以合作。我说好，不过她过两天又回武汉了。最近好多天没联系了，希望她一切都好。

熊猫是我职场中非常敬重的大姐，许多人辞职后都会成为陌生人，但我想，我会一辈子铭记熊猫。因为她是茫茫人海中非常真挚的朋友。我们曾经讨论自己失去了编制，失去了股份，甚为遗憾，但没想到，有一天，我们义无反顾地离开了杂志社。所以，一切都可以放弃，没有什么是永恒的。对熊猫来说，放弃单位是因为家庭、父亲、丈夫和女儿，时间不够，两地跑，当然工作也没了激情，我则是寻求更大的梦想，更多的自由，我们共同离开，说明我们都想追求不一样的人生。

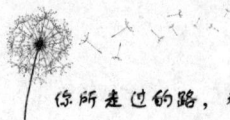

我想，如果今天再见到熊猫，我一定告诉她，你有了幸福的家庭，对一个女人来说已经很棒了，原先的股份跟今天的幸福比，真的不算什么。当然，我想也许熊猫早都意识到了，所以她才会勇敢地辞职吧。

而我想到我另一个杂志社的同事木子，她在老家有编制，每年都要回去几次，处理一点事，请客吃饭，送礼。而国家人事制度也总是变来变去，一会这个变动，一会那个调整，她就总在深圳和老家之间摇摆，既不能安分做小城的工作，又无法全力以赴在深圳发展，那种纠结，连她自己都厌烦了，但她没办法，她缺失的就是一种勇气。

而熊猫和我都放弃了过去，不再为过去纠结，所以我们也都换来了新生活。这是放弃的收获，放弃、舍弃一种东西，才能获得另一种东西，要不然，心累，盛不下。

那条路，不走下去，你不知道它有多美

> 你完全凭你的心生活，所以你终究会走上这条路。

村上春树说，如果我们要谈谈何谓真正的自己，那我们不能说自己是什么样，而要以某个具体的事情为例，由此说明，这个才是真正的我。比如，谈一谈炸牡蛎——

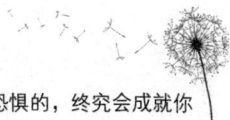

"我谈炸牡蛎，故我在。"这真是深谙写文章的要道。

而我，我想写一下像我这样的男人，当然我也不能宏观地告诉你，我是什么样的男人，我得选择一个角度，一个切入点，让你从这个事情上看出，我是一个什么样的人。

想来想去，我忽然想到一件事，再也没有比这件事更能说明我是一个什么样的男人的事了。

小时候我一直很敏感，很害羞，此外和其他男孩子没什么区别，我记得我弟弟被人欺负，我会第一个冲上去，和人打架。因此，虽然小时我就柔弱，但是我是打过架的。我有个同龄人，长得比我高大，野蛮而粗鲁，用皖北话说是"鲁"、"过劲"，有次因为什么事情，我和他杠上了，但是，我丝毫没什么怯意，虽然我们那大小差不多的孩子都不敢惹他，但我还是和他发生了冲突。不过，后来什么事情也没有，没有打起来。但是，我最起码是不怕的。

五年级的时候我写了一篇关于故乡的洋槐树的文章，发表在《小学生月刊》上（合肥的杂志，我记得地址是屯溪路省人大办公楼什么的），那文章文学性非常强，很有乡土和抒情的气息，但也言之有物，是我认为我写得最好的文章。之后就进了中学，初二开始接触《中学生必读》《中学生阅读》等几本刊物，看到其他同龄人写的诗，开始迷恋诗歌，结果导致偏科，非常痛苦。不过我痛定思痛，戒掉诗歌，全心攻克数学，之后是物理，化学，几何。中考的时候，分数不错，考上了县一中。高一，同学借给我三毛的作品，谈到了王朔，我对文学的热情死灰复

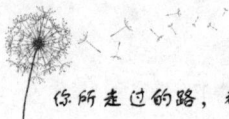

燃，物理课上看文学作品，写散文，结果再度偏科。就这样，顺理成章，我上了文科班。

上文科班后，我轻松了许多，不过，到了高三，人又紧张起来。我开始备战代数和几何，那是我当时的重头任务。我的语文一直是数一数二的，即使高三有十几个班，但我的语文成绩也都是名列前茅的。不过，代数分数不高，我的总分便不高了。因此，整个高三，我的名次都不是很好，只有几次还行，但也没进入前十。

高考作文题目是"假如记忆可以移植"，我觉得我写得挺好的，不过分数却相当一般，这让我一度怀疑老师是不是算错分数了，想去查询，班主任说，师范可以了，别查了。于是，我就放弃了查询。填写志愿时，我二话没说，选了中文系。其实，同样的情况，许多人会选英文系的，但我却选了中文系，根本没考虑到将来的就业什么的。

高中时代，我挺佩服邓小平，想做政治家，虽然我敏感、脆弱。上了中文系，我的人生一下子来了一百八十度大转变，我对政治没任何兴趣了，全面浸润在文学里了。因此，四年，我一直都在图书馆和阅览室里，一直都在写啊写。两耳不闻窗外事，一心只读文学书，那时的我，倒像典型的文学青年，而不是中文系的青年。中文系有许多吊儿郎当的人，对中文的兴趣不像我这么狂热。而我，我是要做作家的啊。我没入过社团，没加入过文学社，我只一个人读书，写字，仿佛一个与世隔绝的人，与这个世界是完全脱节的。懵懵懂懂，以为自己这么能写，一定可以

顺利当上记者。

不想待在家乡，去合肥参加了几次招聘，不甘心跑到一家报社自荐，人家说要有工作经验的。无可奈何，又回学校。到四五月份，去合肥参加了一两次招聘会，学校说，你这么能写，适合去报社。也有人说想留我，但我说，你们可以只签一年吗？因为我要考研。结果，没一家单位敢要我。印象中参加过一个郊区中学的试讲课。不过，没有下文。回学校后，合肥商厦让我去面试，文案宣传，我没去。就这样到了六月，眼看许多人工作都有着落了，我开始着急，去芜湖参加省内最后一次招聘会，亳州的校长说，我要签你。都不用试讲，直接签我。因为我的文章打动了他。我想，先这样吧，反正他是中专学校，任务轻，我可以考研。于是就去了。

那年9月份我回到亳州，教了几个月书，觉得小城憋闷，开始谋划往外跑。但是，去哪里呢？安徽日报社招聘，看到信息，需要现场报名，我不方便，打电话说，可不可以电话报名，考试当天去。对方说可以，结果我就去了。但是，人家说，我没有提前报名，没我的资料。结果，我连考试的机会都没有。

百般失落之下，准备回亳州。在同学宿舍的地板上看到某电影杂志招聘编辑，就顺手投了一份简历。后来几乎都忘了这事。回到亳州，同事说，有你电话，让你去上海面试。我仿佛看到希望，赶紧请了假，2004年4月去上海面试，写了一篇影评，关于《托斯卡纳艳阳下》的。主

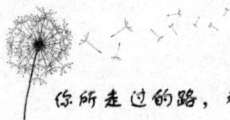

编说，不算精通电影，但文笔不错，可以给我机会，我回到亳州，请了长假，怀揣 200 元钱就去了上海。

本以为人生从此发生了转机，却瞬间又跌落谷底——我那时实在没看过几部电影，但我更不了解的是办公室斗争。很快，因为我有两篇电影评论被北京的一家电影杂志刊用，杂志社便让我卷铺盖走人。于是打电话给青年报的编辑，他说你可以去某生活杂志试一下。我去了，主编说，如果你能帮我约到谁谁的稿子，我就录用你。后来的后来，我留在了这家杂志社。这是陈逸飞做视觉总监的杂志，是木心做美术编辑的杂志，一度辉煌。不过，当时已经在走下坡路。这杂志已经承包给一个广告公司，所有内容都是广告公司在做，但版权人觉得广告公司太商业，内容不够好，便让我做编外编辑，每个月约几篇文章，作为补充，但不和广告公司在一起办公，而对方也不欢迎这种形式。就这样勉强维持了几个月，眼看要到春节了，两家公司闹矛盾，我没出路了。此时已是 2005 年 1 月份，失业的我提前回家。告诉爸妈，我是提前放假。表面故作平静，其实万分焦虑，因为不知道年后去哪里。

学校当初说的是请假，回去也是可以的，但即便能回，个性偏强的我也不会回，觉得没面子。怎么办？只好给一个从未谋面的远房叔叔打电话，说想去深圳。十多天后，他说，这里有个某著名教师报的南方记者站，你当过老师，能写，也许适合你，于是，2005 年春节之后，我从安徽出发，辗转上海，做了三十几个小时的车，到了深圳。

　　那算是我的黄金时光吗？记者站其实是几个安徽人头脑发热成立的，意在走学校渠道，看是否可以赚学校的宣传费。这样我就既成了发行员，也成了记者，要自己联系业务。文学青年的我当然没能拉到一个单。三个合伙人平时都不露面，所以半年下来几乎一个业务也没有。不久，这记者站就关门了。我去了这叔叔所在集团的子公司，是一家文化公司，没有合适的位置，就写地产文案。之后被派去武汉。过年后，双方都觉得不合适，就结束了合作。就这样，召唤我来深圳的人，最终也无法庇护我，我又得面临艰难的生存了。

　　我去了一个设计网站，那是我没任何兴趣的工作，之后投简历应聘深圳某都市报，做网络主持，聊内容，发现问题，写新闻，但一件不公平的事发生在我头上，让我成了派系斗争的牺牲品。结果，我又不得不找工作。这次，我同学帮我投简历到深圳一家女性杂志，主编很欣赏我，面试时只问了我几个问题，就直接录用了，这算是优待，因为其他人都要当场写考试题。就这样我成了女性杂志的编辑。这期间，我开始给《羊城晚报》写专栏，一发不可收拾，渐渐扩大到其他杂志，约稿增多。这是我最快活的两年，和主编关系不错，同事也还可以。

　　2008年，主编离开，一个新人上位，我的日子比较难过。不过，因为也没合适的地方可去，一直待到2011年，期间无比痛苦，不可言状。2011年国庆前夕，我终于下定决心，辞职离开，去了商业杂志。工作一年，依然无

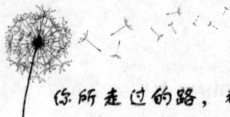

升迁。而此时，我已出了两本书，这让我觉得很不自在。眼看职场无望，我不擅长人际关系，也从来不会拍领导马屁，我觉得我不能再在职场混了。于是，我破釜沉舟，于2012年辞职。没有任何积蓄，创办了自己的杂志，在朋友们的支持下做了三期。但是，接下来怎么走？杂志本来就是没落行业，还是财经杂志。我一个情感作家，一无投资，二无员工，而且，我的新鲜劲过去之后，便很难再鼓起勇气做市场了。没有广告，杂志便无法刊行。这真是要命的事，我总是拉不下脸，业务没有任何突破，见了很多朋友，就是开不了口，不知道怎么"成交"。这是我的困境。那段时间头发都熬白了，夜夜失眠，无比焦虑，耗费了大半年，无果。

最后，有朋友提醒，你可以做情感教育啊。微信兴起，我开始做交友派对。忙碌了一年，挺适合我的。专家，又研究情感，关键是我的组织策划能力都有，这让我如鱼得水，做得风生水起。一时连许多老牌婚恋网站都来刺探内幕，打探消息。但是，一个人做太累了，始终是赚吆喝，没利润。2013年年底，我的第三本书上市，有人要做我的经纪人，强烈建议我专心写书。太太也不让我再做交友派对，觉得累又不赚钱，让我安心写作，花一年时间看看情况，一年后再定。我自己也累了。于是，几乎是自然而然的，我又开始写作了。连续写了几个月，到现在还没厌倦。而且，我越来越觉得，我适合走作家路线。做生意，那不是我这样性格的人可以应付得了的。我太纯粹，

即使别人欠我钱我都不好意思要，杀伐决断，不够狠不够老辣干练，总是吃亏。索性不做。

不过，写作就真的是我一生的事业吗？我一直在想，如果我哪天写不动了该怎么办？我的名气还不是很大，就算大红大紫如安妮宝贝，如果没突破，读者也会厌倦。写作是残酷的事业。写作也是危险的事业。一个人，怎么可以将生存完全寄托在写作上呢？因此，写了四五个月，签了几本书出去后，我又开始蠢蠢欲动了。我想，等我老了，写不动了，我还得有其他谋生手段。于是，我开始尝试微电影，想做电视节目和影视，这是我当前的一个主攻方向。而我也终于认清了当前及未来的主要方向，就是一边写作，一边做电视，然后，往影视发展，有了名气之后，再做其他事业。

这是我的打算，也是我的雄心，我相信我一定可以做到。

我想起2013年年底，同学从合肥来，聊天之余，我说，如果我去合肥会怎样？我自以为出了几本书，有了名气，回合肥做媒体工作应该轻而易举。同学说，合肥不适合你。我说为什么？他说，就是不适合嘛。我想一个在深圳拼下来的人，在合肥还混不下去吗？不过，事实也许真的如此，同学做记者，并不追求写作、文学，许多时间都在应酬、喝酒，但却活得滋润，快活，如鱼得水。他这话有种优越感，让我听了后不是茅塞顿开而是有点不开心。不过，也许他是对的，也许那种生活真的不适合我，我从

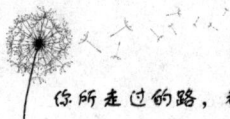

来就没真正地融入过江湖。那种喝酒划拳消耗人生、靠人际关系的岁月，也终究不会是我喜欢的。所以，合肥真的不适合我。

我当时心里有点不舒服，觉得同学自以为是，但现在想想，也许他真的了解我。那种文化，他浸润过，他熟悉，所以他觉得我不适合。这是旁观者清吗？

我信心满满，期待未来光辉灿烂。但是我凭什么有这么大的信心呢？除了卓越的爱情智慧让我自信，其他的也没什么了。我没写过长篇小说，不算严肃的纯文学作家，但书也没畅销。我没加入过社团，没入过作协，我完全靠自己走市场路线，孤军奋战，而我还没摸索出正确的道路。这自信从何而来？安全感又在哪里？

所以，即使我非常坚定，自信，但有时也难免产生危机意识。想想自己，这么多年，怎么就混成了一个自由人了呢？我丢弃了我的教师职业，我放弃了单位，我终于成了一个自由人，可是，自由不也代表没有保证吗？有一天，跟太太聊天，忽然想到，如果她老了，没有高额的退休金，而我也没有，因为我连单位都没有，那么，我们晚年岂不是很贫寒？太太说，是啊。我一想，这怎么可以，内心一下子又陷入了悲哀的境地。不过，这一切不都是自己选择的吗？我终于放弃了所有，完全做自己喜欢的事，不用受任何约束，但这究竟是我的幸运还是我的失败？

有时，这真的是很难界定自己的结局，而更多的时候，这两种生活会互相纠结，相互撕扯，不知道孰对孰

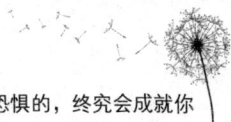

错，孰好孰坏。

但是，转而又想，我是没有了任何保障，但我过的这种自由生活，谁又能找到呢？所以，不要说自己失去了保障，因为这都是你自己要的，你是这么一个人，你完全凭你的心生活，所以你终究会走上这条路。

那么，剩下的便只有一件事了，那就是相信自己，好好写作，一定要成功，肯定要成功，因为我只有这一条道路。如果不成功我便会有负他人，有负自己。所以，为了我自己，为了我爱之人的生活和人生，我必须成功。

给每个离开者一个温暖的拥抱

> 我想起2007年那个黄昏，她孤单心碎的身影，觉得自己做了一件很棒的事。

2006年，我在一个设计网站做主编。其实，公司也就五六个人，两个设计师，一个业务员兼行政，一个开发人员，一个文员，我负责内容，当然还有老板。

有一天，公司招了一个文员，是个瘦瘦的女孩，虚弱，文静。来了没几天，和公司的人也不是很熟，甚至没什么话。某天上午，领导分配给她一个任务，让她裁纸。她拿了一沓纸，米尺，还有剪刀，所有人都在干自己的

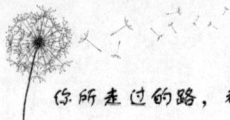

事，只听"哎哟"一声，我们都回头看到，她的一只手鲜血直流。原来，她不小心割到手了。但是，并没有人上前，设计师没有，行政大姐没有，老板也没有。而且，闻声走出来的老板不仅没安慰她，还责怪她，"怎么这么不小心！"言下之意，怎么这么笨。

我放下手头的工作，问她怎么了，要不要去医院看看。当时公司在福田区田面国际文化大厦，后面不远是福田中西医结合医院。于是，上午十一点多的时候，我陪她去了医院，清洗，包扎好。她很感动，要请我吃饭，去的是一家东北菜馆，点了汤，水饺，还有凉拌莴笋、木耳、土豆丝之类。吃完，我买了单，跟她一起回公司。

当天下午，她就回去了，第二天就没来上班，据说被老板炒了鱿鱼。那之后，我们聊过几句短信。再之后，就失去联系了。我知道她是陕西人，有个男朋友。学历不是很高，工作并不好找。

多年之后，完全想象不出她的样子，连她的名字也忘记了。但是，想起这件事，我还是觉得自己做得很棒，很好。当大家都冷漠的时候，如果你能伸出援手，那会让人觉得，这世间还有温暖，还值得期待。的确，对一个普通文员来说，她的来去是无所谓的，无足轻重，但对我来说，那是一个女生，一个初涉职场的人，一个年轻的心灵，如果没有人呵护她，我想，她的心也会变得冷漠。

另一个姑娘，曾和我一起到杂志社。我们共用一个电话。她不怎么用电话，我则爱用电话和作者沟通，她觉得

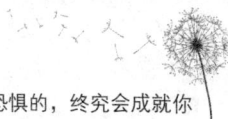

我用电话多，提出跟我一三五，二四六分开使用，我觉得很奇怪。我们前后排，本来该紧密团结，作为新人，相互扶持，但她却把我当竞争对手。那时候我发稿很多，她似乎还没找到感觉，直言我让她有压力，我觉得不可思议，因为这都是我自己努力的，我并没有压制她。何况，我是想帮她的，包括约她给我主持的版面写稿，让她多些露脸的机会，但她似乎并没发现这种友好。

她也很奇怪，一边将我作为对手，一边又向我倾诉情感，包括同事之间的关系，甚至她对男朋友的不满。那时候她男朋友在华为，她说他不够关心自己，工资也不是很高，说了很多，还让我有合适的男性朋友给她介绍。她在杂志社待了两个多月，后来被领导"请"走了。具体原因我也不清楚，但她说，她在电梯里和领导遇见，开了不该开的玩笑。我想，也许吧。不管什么原因，反正她是走了。

走的那天是个下午，将近下班时间，她哭得稀里哗啦，平时和她说话多的女同事，也没怎么安慰她。她告诉我，我觉得很遗憾，下班的时候送她下楼，陪她到万科金色家园那里的肯德基，请她吃晚饭，送她去公交站。临走的时候，她看到路边摆放的黄色菊花，说很想抱一盆回家，我说要不买了送给她，她连说不要，但她说，我人很好，如果她没男友就选我做男朋友。

这女生后来去了一个电视报，偶尔听其他同事说起，说她觉得在电视报人际关系复杂，压力大，人快崩溃了，

自己去西藏旅行，一路搭车，拼车，换车，大家都觉得她好勇敢。我后来写美食，还碰到过她一次，在一个四川火锅店里。大家聊了聊。再后来，联系就淡了。某天，她忽然在QQ上找我，说想起当年，颇有感慨，她还写了一篇文章，回忆录，让我去她QQ空间看，我很忙，就没看，何况我当时也离开那杂志社，和它相关的事都不想看。

不久，我去电视台录节目，遇到她在电视报的一个同事，说她已经走了，考上了公务员，在水务集团。我们现在几乎没任何联系，但我想起2007年那个黄昏，她孤单心碎的身影，觉得自己做了一件很棒的事。她一直觉得自己人际关系一般，现在终于有了一个安定的公务员身份。不管她是否还想起我，最起码，我曾经友善地对待过她，这是我自豪的地方。

当然，也有对我好的。

2004年，我辞职离开亳州，很多报社还将我的稿费寄到亳州，我委托一个女同事帮我收着，并帮我去邮局取。这是很费劲的，也很麻烦。人走茶凉，我原先合住的一个男同事就觉得麻烦，不肯帮忙。而她，却非常愉快地接下了这个活，全部取完后一起寄给我，这让我很感动。

另一个让我感动的男生，是我这辈子都要感激的人。那天，我离开某单位，心情低落，他打电话给我，说刚知道情况，我就这么走了多可惜。我表达了自己的心情，灰心，不知道该干什么。他说晚上请我吃饭，好好聊。于是，在新洲九街一个烧烤店门口的路边，我们从七点多聊

到十一点多，喝了很多酒，那是我喝啤酒最多的一次，他对我说，不要离开，深圳有大把机会，随便找个工作也都可以，报社也不是什么了不起的地方。我最终留了下来，这里有我的坚持，不甘，不服，有我的韧性，但我想，这和他的鼓励也分不开。

不久我到了一个女性杂志，他去了平安集团，当我2012年创业做财经杂志的时候，与他相约过一次，在千味馆，我们聊到了过去，我本想请他帮忙联系采访马明哲，但他说他人微言轻，让我找他们集团公关部，我嫌麻烦，最终也没做这个事。我想我真不该再请他帮忙，因为他很多年前已经帮过我了。他那一晚对我的鼓励，是他的使命，上帝派他来安慰我，鼓舞我，这就够了。

现在，我们偶尔也会联系，但各自忙碌，互相关心，却不一定非要相见，那份感情，在心里就好。

我曾经写过一篇文章，为离开者践行。很多人会送别公司离去的高管或要好的同事，但我想，这都不算什么。真正重要的是，对每一个离去的普通同事给予关怀，送别当然更好，如果没有送别，一句关怀的话，一个温暖的眼神，一个温柔的拥抱，哪怕一道惋惜和心疼的目光，也能让人内心安慰。

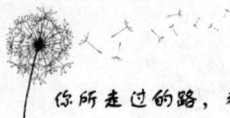

每一个地方都可以辉煌

在哪里写作？

　　美食作家殳俏曾总结过日本几位大作家的写作地点，其中一段写道：

　　"据说川端康成嗜吃怀石料理兼嗜洗温泉，所以出版社就特地安排他到伊豆汤岛的汤本馆，日日一套不重样的菜式和餐具，让他在那里写出了传世之作《伊豆的舞女》。横滨出身的作家大佛次郎则长期占着横滨 NewGrandHotel（新大酒店）的 318 号房间，在鲑鱼色拉和蘑菇白酒面及每晚 2 万 8 千日元的滋润下留下了一部《雾笛》。"

　　殳俏据此得出结论：在饭店里囚禁作家，仿佛是日本的传统，并于结尾不无羡慕地写道："这样的饭店，什么时候也能把我'关'起来？"

　　确实不错，在哪里写作，这确实是一个很重要的问题。许多作家都有自己的书房，贾平凹写《废都》在乡下，村上春树的《挪威的森林》是在瑞士的一家海边宾馆写的，马尔克斯说写作的最好的地点在妓院，那种氛围，那种暧昧，白天特有的安静，色情与艳情，俗世与浮华，说不定某种特别的味道能勾起作者的情欲。而 2000 年的

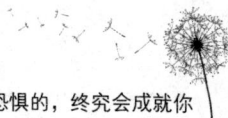

诺贝尔文学获奖作家奈保尔则坦率地在获奖演说中说：他要感谢妓女。

至于我自己，大学期间一直都在图书馆或大教室写作。一般都是跑到一个陌生的地方，最好一个人也不认识，此时，就算喧闹，那也是陌生的，不会让我分神。寝室呢，太过喧闹，灵感无法产生，思路时常会被舍友的吵闹打断，但也有例外，一天晚上，我在他们的吵闹声中一连赶了三篇随笔小品。

在宁波的时候，我可以在新华书店的书架上写作，可以一边和哥哥聊天一边写作，在弟弟打工租住的小屋里，一边听着大人的喧哗，孩童的婴啼，一边写作。

此外，我还曾在安徽大学的寝室和《铜陵日报》的办公室里写作，状态还都不错。

来深圳后，我在办公室写作比较多。一般的办公室喧哗是吵不到我的，因为我有种神奇的能力，可以对不感兴趣的事和人视而不见，充耳不闻。我敲着字，任由别人喧哗，我自有我的快乐，这是他们无法体会的。

换句话说，我把办公室的嘈杂声当成了背景音乐，也当作了素材，犹如张爱玲在听着公寓楼下的电车声和远处士兵吹奏的思乡曲而产生了灵感，我也会在嘈杂的话语和外面的汽车声中陷入我构想的故事的激流。

后来，我开始在家写作，放着钢琴曲或流行音乐写作，这会让我更有灵感，因为有些故事就是在优美的旋律的触发下变得灵动起来的。

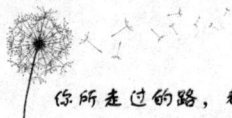

常听一些作家抱怨，说没有一个安静的地方可以写作，似乎自己写不出来东西都是没有安宁的环境造成的。然而对于有心写作，有积淀的作家来说，他在哪里都可以写作，沉静于自己的创作而不受环境干扰，是一件再自然不过的事。

这一生，谁不是在伤痛中长大？

只有痛苦走到尽头，才能看见曙光。

很多年来，我一直觉得自己忍受了太多的寂寞，比如我青春期的时候有点内向，和同学关系不够亲密，喜欢独来独往，不够合群，相比同龄人，总显得落寞许多。

走向社会后，我又追求梦想，四处漂泊，东奔西跑，吃尽苦头。这让我觉得我的路非常不顺，比别人吃的苦多，心里总觉得有些委屈，总是不由得想：人家都活得多开心啊。

可是，某天，当我见到我高中的好友S时，我忽然觉得原来我所受的委屈，是那么的不值一提，我所吃的苦不过是"为赋新词强说愁"，是青春的娇嫩，稚弱，是矫情和自讨苦吃。

为什么这么说？因为我那些苦最多是来自人际关系问

题，只是不够理想，还没那么糟，因为我还可以走开，可以选择，这个人跟我不合拍，我远离他就是；这个单位不是我所中意的，我换一个就是，自由还在我手里。而我的家人非常疼爱我，父母很好，兄弟姐妹也都相亲相爱，排除这些小烦恼，我是多幸福啊。

但是，我的同学S经历的却是非一般的痛苦：她初三的时候父母发生了一些不可调和的矛盾，爷爷去世，然后她就开始抑郁焦虑，产生幻听。整个高中三年，我一直以为她是快乐的使者，阳光，乐观，哪里知道她得了不为人知的抑郁症，过着白天阳光晚上痛苦的分裂生活。她白天的阳光仅是假象，是她强打精神才展现出来的。

她看起来有很多追求者，却阴差阳错，最终一个也没接受，我以为她有很多甜蜜的爱情，后来才知道她只莫名其妙地和一个学长短暂地恋爱过，后来就不了了之了，彼此连姓名都不记得。她还经历过被跟踪，骚扰，服毒等恶劣事件，惊心动魄，不可想象，多年后我听来都觉得非常凶险，后怕，觉得不可思议，可是，她一个十五六岁的小女孩，是怎么过来的？

这样的她内心是自卑的，所以大学时遇到一个鼓舞她的人她就觉得温暖，寂寞的时候爱上的人往往是有缺陷的，哪怕知道他有缺点，婚前出轨，但还是嫁给了他，然后在他婚后出轨、不养家之后她彻底死心，离开了他。没想到那个男人走投无路时却不肯分手，死皮赖脸地缠着她，骚扰她。面对这种混乱难堪的生活，她要有多坚强才

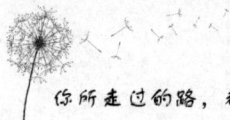

可以活得快乐？

　　而她又是个善良的人，养家糊口，为工作四处奔波，梦想丢了，理想也暗淡了，遇到一个小她十几岁的抑郁小弟，还想着去搭救帮助人家。

　　不光她一个人这样，据她所说，我们高中很多同学都有不为人知的一面，比如 X 同学，据说初中为了钱绑架过邻居小孩，进过局子，所以高中就拼命学习，憋着一股气，想出人头地。

　　男同学 W，父母离异，父亲很有钱，但不给他花，母亲很有才，但也寂寞。他虽然是县城里家境不错的男孩子，但也缺乏温暖。

　　还有 L 同学，平时看起来像个癞皮狗，霸道，无畏，其实是父亲坐了牢，在村里被人欺负惯了，所以总强装强大，得理不饶人，摆出一副牛逼哄哄的样子。原来他之所以这样都是过往生活的阴影没有消除干净所致。这么说，他也挺痛苦的，所以要先欺负别人，省得自己被欺负，内心也分裂。

　　如此看来，我们班同学至少有十几个是非常不快乐，不容易，内心痛苦的。相比之下，我那时候可算快乐多了，幸福多了，我最多就是不和大众打成一片，不和很多人玩，但我没有大痛苦啊，而且，我还是有好朋友的啊，这多难得——关键是，我居然不知道他们那时候的真实情况，不知道他们背后的心酸往事，可见我那时候把事情想得多么简单。

　　不过，我相信今天他们都能走出泥泞，活出风采，因为成长总是伴随着痛苦。越凌厉的痛苦带来越迅速的成长，只有痛苦走到尽头，才能看见曙光。就如 S 终于在怀孕的时候灵性打开，豁然开朗，瞬间痊愈，走出抑郁。至于其他同学，我相信他们也都能绝处逢生，走出了自己人生的阴影。

第三章

走完该走的路，才能走向要走的路

女王的面具

戴上面具，成为一个绝世女王！

我很少追综艺节目，但最近连看了三集《蒙面歌王》，主要是歌妮喜欢。本来周日我录制的《第一调解》也会播，也是那个时间点，我应该看《第一调解》的，但歌妮要看《蒙面歌王》，我也只得陪看。

第一集，据说李克勤是歌王，歌妮猜到了。第二集，我们猜了好多人，完全投入进去了，夺冠的叮当说：可能很多人不认识她，说得很谦虚，也真实。她上节目前是没有信心的，觉得自己不是大咖，但戴上面具，没有人知道她是谁，她尽情地唱，忘乎所以地唱，所有人都觉得她有实力，都被她的歌声征服了。

其实，那个时候，我们也不知道她是谁，不会有偏见，只是真心觉得唱得好听，唱得不错。而且，幻想她是一个非常漂亮的女生，气质超然。但是等摘掉面具之后，

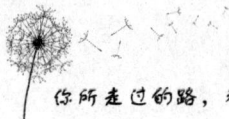

你发现，她颜值很一般，至少谈不上惊艳。

也许这就是面具的作用吧。

后来有个歌者，人称"狼牙"，三轮告负，离开舞台，主持人让他选择是否揭面，他拒绝了，没有人知道他是谁，这就是面具的作用，你可以保留一点神秘，或者你想要的自尊。

"羊驼"也是，戴着那个面具，你完全不知道他是谁。唱得很动人，最后揭面是孙楠。我对孙楠无感。但不得不承认，他唱得不错。这也是面具的好处，可以让你忘记一个人的面孔，从而更客观地评价他，消除偏见。

"灵魂战警"也是，感觉他是个有才华的人，但音乐没有完全打动人。但他的轮廓，面具无法完全遮盖的部分让我感觉他应该是个绅士，是个谦谦君子。他确实蛮有创意，音乐形式多样，元素丰富，能创新，但总感觉进入不了人的灵魂深处，揭面之后发现是李泉。这就对了，李泉就是那种风格，不是最红，但有自我，有灵魂。

最奇特的还是"铁扇奥特曼"。她一直是小嗓。我们之前猜测是许茹芸，猜评团也都被她征服了，大家都觉得她很棒，很神秘。她像一个夜行的歌者，浅吟低唱，让人沉醉。连伊能静都激动地喊她女神。揭面之后，许茹芸说，她一直是个害羞的女孩子，第一次参加这样的活动，鼓足了很大的勇气。连续四周，她沉浸在铁扇的面具下，成为"奥特曼"，那是一种别样的体验：很神秘，很新鲜，很冒险，很刺激，很好玩，很有吸引力，接下来会发生什

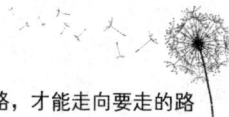

么呢？有无限可能。许茹芸不是标准美女，但铁扇下的她却气质高雅，盖过多少女神，让巫启贤崇拜得五体投地。

从第二集看这个节目，我就在想：人需要一个面具。比如叮当，面具给了她勇气，给了她成全自己的机会，展示自己的机会，面具让她称王。比如许茹芸，面具让她具备无上的气质，仿佛《梦幻故事》里的女主角，带有不可企及的魔力和魅力，神秘，如果能一直戴着面具，便会一直很迷人。

所以，我一直强烈地觉得，面具让人变得更有吸引力。回到现实生活，其实你也需要一个面具，你也可以透露新鲜，带着神秘，偶尔演绎陌生感，偶露峥嵘，时不时有惊喜，惊艳，让人无法定义，无法评判，抓不住，摸不准，让别人不知道你是谁，不可捉摸，让别人猜测你，想着你，念着你，把你当作一个谜。

如果能达到这样的境界，那你就真是一个绝世女王了。

独自用餐的时光

独自用餐，品的不是美食，是寂寞。

一个朋友说，相对于有很多人的饭局，她更喜欢一个人用餐，因为一个人吃饭时可以肆无忌惮，毫无章法，不

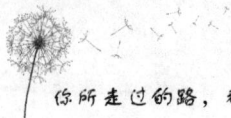

必在乎餐桌礼仪，更不用担心吃相不雅，心无旁骛地专心于吃，这是她的享受，也是她的奢侈。

我也喜欢一个人吃饭，不过，我觉得一个人吃饭的时候，自由是足够多了，但寂寞却增加了。从前，我一个人吃饭的时候，总是害怕到热闹的中餐馆，因为中餐馆是最能体现中国熟人社会模式的地方，大家笑声喧哗，猜拳划令，唾沫横飞，激情飞扬，而你一个人吃饭，显得你形单影只，茕茕孑立，形影相吊。只能说明要么是你人缘不好，要么你没有魅力，所以落得个孤家寡人、独自用餐。

相反，去西餐厅吃饭，一个人倒不怕，因为那里约会的男女众多，根本没人在意你。大家都安静地品尝着美食，喁喁私语，生怕别人听到他们的心思。而西餐厅最特别的地方就是，它就是要安静到极点。除了动人的音乐——那多半是背景音，和没有声音是一样的，而且，正是因为有了这音乐，才显得更安静，这就让情人们感到更大的安全——你完全听不到任何隐私。在这样的地方，一个人吃饭，是情调，是小资，是享受。所以，我特喜欢一个人的时候去西餐厅。

单身的日子，你一个人吃饭，你有时候会觉得沮丧，你觉得，怎么你这么优秀，还没有那一个他？你长得挺漂亮，挣的钱也不少，你坚强独立，聪明智慧，为什么你还是一个人？你担心那个人不知道什么时候出现，恍惚觉得自己是个不被爱的人，那一刻，美食让你觉得，它是唯一的安慰。幸好还有美食，让你获得心灵的慰藉，要不然，你真不知道怎么继续下去。

　　相恋以后，你习惯了两个人吃饭，总是有说不完的话，哪怕没话可说，但看着对面那个喜欢的人，你也有一种安全感，觉得自己终于不会孤单到老了，总算有一个人深深地爱慕你，明白你，体谅你，了解你，懂你，这世界没有辜负你的美好，而你终于让世界感到你的温柔。

　　某一天，习惯了两个人世界的你，忽然再一次变回一个人吃饭的状态，你真的不习惯了。首先是不知道吃什么，其次是不知道该去哪里吃，你似乎又恢复到单身时那种迷茫的状态。假使你去那些熟悉的地方，你会触景生情，去一些新地方，你又缺乏激情，觉得没有人陪，一个人不想奔赴。当你吃到某一种食物，忽然想起从前的种种，爱慕默契的瞬间，忽然觉得伤感，泪流满面，那是你真心流露的时刻。

　　所以，一个人用餐，不管多坚强的人，总会吃出一些寂寞来。而如果你能将寂寞品出味道，能在寂寞的时候还热爱这个世界，觉得美食给了你勇气，你还要在这世界继续打拼、寻找，你依然相信爱情，那你一定可以获得幸福！

两种生活的斗争

　　　　　他至少没嫌弃衰老的你，至少能容忍你的
　　　　小缺点，这样的人，去哪里找？

　　电影《霍乱时期的爱情》里，乌尔比诺医生在婚后带费尔米娜回家，他母亲似乎不太喜欢费尔米娜。当婆婆的闺蜜们谈论到阿里萨（费尔米娜曾经的恋人）的时候，费尔米娜不小心说出了一句话，"他不是一个人，而是一个阴影！"婆婆非常震惊，但费尔米娜假装不舒服，跑回房间。

　　在床上，费尔米娜问乌尔比诺，你打算什么时候搬出去住，医生没给她想要的回答，她不免失落，她觉得她的丈夫是个懦夫，此时，她不禁要想，如果她是和阿里萨在一起，那会是怎样呢？而乌尔比诺也看出她的忧伤来了，禁不住附和，也许你和他在一起，不会这样。

　　其实，这是一个没有答案的假设，如果费尔米娜和阿里萨在一起，她就真的会更幸福吗？

　　很多人面对生活的平淡，或者生活得不顺心时，不免要想，如果和那个失去的人在一起，你会不会更幸福？你设想和他在一起，会避免现在生活的诸多麻烦，以及由此产生的诸多烦恼，你设想，他身上没有你现在枕边人的那些缺点，你觉得避免掉这些缺点，你就是快乐的。但是，如果你和那个人在一起，你就会发现，他会有属于他的缺点，也会有属于他的缺点带来的局限，当然也会有属于他的特有的烦恼，这是每一个人都会产生的。

　　可是，当我们身处一种生活中时，我们便会忍不住想那另一种生活，有时候这种想法还很强烈，它让你忍不住去冒险，跃跃欲试。比如，我有个朋友，非常幸福，老公

很疼爱她，人也不错，孩子也很乖巧。但是，某天，她的初恋来找她了，初恋说她是他最难忘的女人，想和她在一起，她一开始毫不动摇，后来被初恋的甜言蜜语诱惑，有点心思动了，烦恼就跟着产生了。

她问我怎么办。我说，初恋还没她老公好呢。首先，他现在婚姻不幸，不完全是他老婆的错，至少说明他也不是一个很会经营家庭的人；其次，他在你幸福的时候来骚扰你，那不是爱，是破坏；第三，你们分开了那么多年，巨大的生活差异，细节鸿沟，你怎么弥补？当我还没说完，她就已经明了，表示她是不会和他在一起的。

所以，有时候，当你幻想和另一个人的另一种生活时，你不妨再进一步，和自己对照一下，比如，现在的自己这么平淡，如果是和另一个男人在一起，他会不会嫌你不够漂亮了？如果和那个人在一起，你要付出巨大的努力，要有豪宅豪车，而你现在还没有这些，你身边的人居然没嫌弃你。如果和那个人在一起，你的小毛病，小缺点，他可以接纳包容吗？而你现在的枕边人，居然可以容纳你，这简直太不容易了……

也许，当你多想几个这样的问题，你便会明白，你身边这个人其实已经很棒了，他至少没嫌弃衰老的你，至少能容忍你的小缺点，这样的人去哪里找？

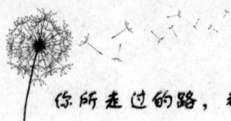

不懂一个人比不爱还可怕

不懂一个人有多可怕？答案是：不是一般的可怕！

最近有个学生婚姻破裂，在一个会员的推荐下来找我们。她非常急切地想见我，于是，在晚上十点多，下着大雨，她开车从大梅沙来到宝安。她非常着急，恨不得当场就能解决问题，其实她的问题也不大，没有什么特别的矛盾，就是她性格强势，让老公感到压抑，而现在，老公不想忍受了，开始反击了，原本温柔似水非常爱她的老公，现在开始变心，冷酷，无情，歇斯底里，折磨她，变本加厉，甚至动手打了她。

关键是，这男人心一死，一万头牛都拉不回来，无论她怎样道歉，示好，反省，他都不买账，甚至她哭泣，下跪，他依然不为所动。

当男人心死，你别想用死缠烂打挽回他，也别想用低声下气留住他，那只会让他跑得更远。

但是，时间太晚了，我让她先回去，第二天再深聊。第二天，她早早地来到爱情学院，聊了两个多小时，中午请她吃了饭，下午她就恢复得差不多了。安顿好了后，她

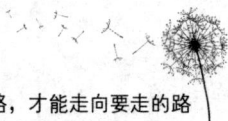

和我的助手、朋友、会员都成了朋友，当我看着她拿着车钥匙走出去的时候，我感觉她像个度假的人。

后来，她就回家了。但是，第二天，她告诉我，老公将家里的东西都搬走了，我说人没走就好，她说人没走，但东西不在了，心里凉凉的，感觉没机会了。她哭了一晚上和一个早上，眼泪都哭干了，不能来拜访我了。她说她甚至有自杀的想法，我被震撼了。答应去看她。

在她家，和她夫妇俩聊了三个多小时。总体来说，就是女人强势，有些做法不合适。比如当老公和亲人打麻将输钱的时候，女人觉得心疼，指责男人不该继续打下去，该全身而退。可男人说，他是故意输的，因为自己是老大，输给弟弟们，自己心里爽。两人合伙开公司，女人投资了，没要股份，后来为了体现一点参与感，就跟老公要一点股份。可是老公说，我挣的钱都是你的，你要股份干吗？生分了。总之都是这样的小事。两个人就不开心了。女人说她道歉了，可男人还记在心里；男人说，你这样让我非常不开心。于是，日积月累，小矛盾酿成大矛盾，最后引起质变，原本很爱她的老公，现在开始折磨她。

我知道这个学生的优秀，也知道她的真心，她的症结只是过于强势，可是，她现在已经反省了，已经改了，只是她老公不相信。有时候她老公试探一下她，故意拿难听的话刺她，她一听这伤心的话立即就恢复了原形。所以，还是没修炼到家，还需要继续学习。只是老公却不想再给她机会。这种情况下，我将辅导的重心放到了她老公身上。

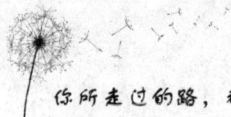

　　在跟她老公的沟通过程中，我对他说，你其实不懂你老婆，他说，要那么懂干吗？我说，不懂很可怕。不懂就会错爱。他说可能吧，我又不是学这个的。"如果我懂女人，早都结婚了！"（他们算晚婚，刚结婚半年）。他终于承认。

　　这个不懂在之后的几天表现得更为明显。女人在我的训练下，开始学会坚强，打算找回曾经的光彩照人的自己。恢复的第一个表现就是，她不再依赖他，不管他去留，她都要开心。第二个训练点是，我让她投身一件自己热爱的事上，她最终选择了一个国外的课程，箱包设计，她本来就有公司，现在想自己学会设计，重新开始。但她老公却让她学完后继续上班，做基金。她不可能再做基金，她说就是做基金、带团队，在险恶的职场生存才将她变成了强势的女人，她不想再回到那样的状态，她要优雅，要做自己喜欢的事。但是，他不支持。

　　其中一个细节很值得玩味。她说，当他强烈建议自己去上班，做回原来的工作时，她心里非常不舒服，甚至觉得他怎么可以这样。她第一次意识到，他真的不懂自己，这样的安排有点可笑，甚至对他产生了不愿多聊的心理，她觉得自己真的和他有代沟。

　　这种代沟，不是年龄上的，而是心灵上的，只因为不懂。他是潮州人，只希望找一个听话的温柔的小女子，相夫教子，赚钱问题他解决，她只负责貌美如花，生孩带娃。而她其实是个非常有爆发力的女生，海归，有强烈的

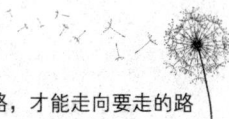

自我意识，想要创一番事业，曾带过几十人的团队。所以，这样的两个人，有许多不适合的地方。如果他们之前能多了解对方，他们不一定会结婚，但他们和许多年轻人一样，在不够了解的时候相爱结婚，等了解之后却发现晚了。这是不懂的代价。

他们的不懂，不仅表现在对事业的态度上，还表现在对爱情的心态上，比如，他不喜欢她和男性朋友交往，内心有点不够强大，而她其实做得非常好。认识他之前，她还泡吧，邂逅他之后，她杜绝和一切泡吧的朋友来往，这种转变，他居然没看到。他以为她是个物质的女孩，但她还真的不是，她只是想合理地规划钱财，想将好钢用到刀刃上，所以她才会出资给他开公司。

他们不懂的方面还有很多——不懂本来也不可怕，如果能相互增加了解，学着懂得，互相包容，也可以很幸福，但遗憾的是，大部分人都很难做到。所以，找一个特别懂自己的人便显得尤为重要。懂得一个人是很难的，你要有耐心，慧心，还要足够聪明，但人们很怕麻烦，所以大部分都是不懂得爱。

不懂真是太可怕了，想想你和他同床共枕，耳鬓厮磨，可是，他却完全不懂你，不明白你在想什么，要什么，更不知道怎样对你，那该多恐怖。

只是遗憾，这世界上的夫妻，大部分都是不懂对方，他们以为只要喜欢就可以了，只要对他好就可以了，可是，如果你不懂他，你怎么知道他要什么？不知道他要什

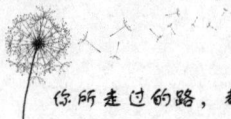

么，你怎么给？懂是爱的基础，如果没有懂，只会错爱。

能享受寂寞是成功的开始

寂寞，才好！

亦舒有篇小短文，《寂寞吗？》。看到这标题，我想说的是，寂寞，才好！

如果回到若干年前，我会说，你寂寞吗？我很寂寞。如果回到若干年前，我是一个寂寞的文青。你知道的。一个苦苦追寻梦想的文青，一个有天才的性格却不是天才的人，他的寂寞是与这个世界对决的寂寞，他不苟同一切世俗的规范，总是想跳出所有的藩篱，一切规定好的路他都不想走，所有的机会和安排他都觉得束缚，他想要一种绝对自由的生活，想要完全按自己的心活着，这样的人，不寂寞吗？

在很久很久以前，我是一个寂寞的人，我没有很好的人际关系，不能与同龄人打成一片，从来没有呼三邀四过，没有很多狐朋狗友，没有死党，即使我在一大群人里，我也依然是孤独的自我。我踟蹰于街头，人群，人群又回我以孤独，这样的我在这个尘世，是感到凄凉的。幸好，还有家人，有父母，他们给了我最无私的关爱和温

暖。让我觉得，我还要继续走下去。

多年以后，那种感觉不翼而飞。我不知道是从哪天起，我不再感到寂寞。我可以不去约会女生，可以不见朋友，可以不向任何人倾诉，可以几个月不外出，可以不向任何人讲我心中的烦恼。这是让人欣喜的。

最初有这种感觉的时候我还觉得诧异，是不是我老了，为什么我现在没有向朋友倾诉的欲望？为什么我现在没有什么想法要与他人沟通？我安静地生活，平静地写作，会不会有一天与世隔绝？但是，当我发现这种状态令我很舒适的时候，我一点都不想赶走它。

也许，这种安宁和我结婚了有关系。作为一个热爱太太的人，我找到了情感的归宿，人生有了知己。这当然是重要的。不过我想可能和我内心的成长还是有关系的。比如，虽然我和太太很恩爱，但太太不喜欢文艺。我记得我学生时代总想和人家谈文学，曾经觉得不找个才女就会遗憾，但我现在也不和太太谈文艺，甚至，太太也不读我的书，但我却觉得没什么。而且，见到其他作家，我也没交谈的欲望。这或许是因为现在的我觉得文学是内心的事，不是用来谈论的。凡是可以谈论的都是庸俗的，不能称之为真爱。所以，我读，我写。不需要交流，也不需要效仿，一切都是自己的心在默默汲取，潜移默化，都是一个人的事。

曾经我是个有倾诉欲望的人，尤其是寂寞的时候。不过现在我没有任何话要对人说。因为我没烦恼，也没纠

结。即使有不顺心的事，我也能化解。何况，我还有写作。我想我年轻的时候之所以寂寞，主要是因为那时候我写得少。现在我天天写，所有的烦恼和感悟都写出来了，通过写作外化了，抒发了，蒸发了，心中没有块垒，毫无压抑，当然也就不需要倾诉。还有，现在的我主要是别人的倾诉对象，我倾听很多人的婚恋故事和烦恼，为他们出谋划策，自己看得开，看得透，当然不会再有烦恼。

真不寂寞吗？还是会有的，只是已经学会处理寂寞，学会和寂寞相处，这是最大的内因。就如亦舒说的，世上没有不寂寞的写作人，性不喜热闹，从来就觉得寂寞。但是，每天有写不完的稿，要和出版社、传媒公司密切联络，哪有时间寂寞？除了写作，还要讲课，去做节目，天天都在路上，在演播厅，在电脑旁，除了吃饭，睡觉，偶尔做点家务，看看亲人，几无剩余时间，甚至连看一部书的时间都没有，连看电影的闲情都没有，哪有时间伤春悲秋？哪有时间空自烦恼？

还是写作救了我。有时候想想，自己离家千万里，亲人一年难得见一面，这种亲人分割的痛苦还是很让人寂寞的。可是，世间事情，不如意十之八九，这样的时刻，我写点东西，打个电话，和亲人说说话，烦恼也就会过去，而当看到自己的新书面世，每天不断地有文章写出来，有许多读者写信来寻求安慰，不断地获得认可，我便觉得好开心，这个时候，寂寞便远我而去。

灵魂飞翔的方式——怎样做一个自由无束的人

> 我想，在生活中要真正的公平，几乎是不可能的。

回想起来，我从小就具有自由的意志，并且，在那个时候，我就已经开始为争取自由而斗争，这真不容易。

我第一次体验到自由是小学三年级，当时班里的学生都来自各个庄，四五个庄组成一个村，同学们都来自这四五个庄。

学校在村的中心，两条笔直交叉的马路的北边右侧，放学后，同学们就在这十字路口分别，朝不同的方向走去。但是，他们没有"吻别"，他们在打架。每个庄的人组成一个团体，和另一个庄的人火拼，扔石子，泥巴，砖头，还有的跳过去打，脏话粗话就更不在话下。每个团体都抱团，对另一个团体疾恶如仇，心怀大恨，痛下狠手。而我，并不想参与其中。

不参与其中的一个代价就是，我们庄的人说我是叛徒，自私，不维护集体。别的村庄的人也看我像怪物，因为我固然没有打他们，但我也不偏向着他们。这种两边不讨好的境地持续了很长时间，以致我上学放学都一个人

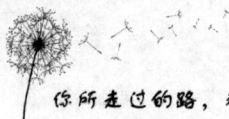

走，路上无人陪伴，还要接受指责。在班上也没人玩耍，被孤立的滋味，小小的少年怎么知道，那已经是自由必须付出的代价。

上初中时我不爱广播体操。体育课是我最讨厌的课程。每当上体育课的时候，我就站在操场上，扭捏地看着别人跳舞，跳高，做各种体育动作。老师也对我无可奈何，因为我会找各种借口，比如，不舒服，或者，就是不想，闹情绪。既然不上体育课就算旷课，那我就来，但我来了，却什么也不做，只静静地站着。因此，如果时光倒流到十几年前，北方一个镇上的中学操场里，一定有这样一幕：偌大的操场，一个老师带着同学在练操，或者打球，而另一个瘦弱的男生却远远地站着，仿佛漠不关心，其实男孩内心非常难受。因为站着就要面对许多目光，一双眼面对几十双眼的挑剔，在青春期荷尔蒙爆棚的男生中，这样的男生无疑是不合群的，在女生心中，估计也会留下"怪胎"的印象。那个男生就是我。

高中时我没怎么反抗，因为高中没有统一做操，甚至没有体育课，所有的形式主义教育似乎都停了，大家只知道看书，做题。高中是比拼实力的时代，是高考压倒一切的时代，因此，一切都靠自觉，学生倒像放养状态。这时候，人们便形成了各种帮派，学习好的跟学习好的玩，差的跟差的混。也有以老乡或城乡差别混在一起的。但我不属于任何团体或派别。我做了一件正确的事。我有个初中同学考上了阜阳一中，后来不好好学习，被学校开除，调

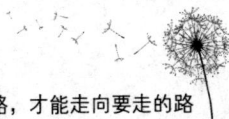

到颍上一中，他天资聪颖，学业优秀，但赶上了叛逆期，不爱学习，整天打游戏，看黄色录像。初中同学都没人敢跟他玩，躲着他，像躲瘟疫，怕被带坏。他妈妈找到我，知道我向来勤奋，便希望我和他合租，用我的勤奋感染他。我真那么做了。

我和他合住了一个学期，真的会担负"教育"他的角色，并且履行我的诺言，时刻影响他，效果怎样不好说，但至少我没有带坏他。而且，在别人都躲他的时候，我却迎难而上，这本身就挺难得的，这样的事，也只有我敢做。

这同学后来考上了哈尔滨工业大学，上了一年，辍学，母亲让他回家重考，他却去了北京，据说现在是防火墙（网络安全系统）方面的高手，我上大三的时候听说都已经月薪上万了。之后我们一直没联系，但我想起那个时候别人对他的孤立和评价，还是觉得自己挺了不起。

上大学时，也有两件事让我觉得挺骄傲。一件是，我有个同学，文笔也不错，混学生会。有一次，他在校外的步行街买东西，和小贩打起来了，吃亏了，回来搬救兵。于是，几个寝室的男生都集合起来，疯狂地去商贩那耀武扬威，讨公道。而我异常平静。我和那同学无深交，这是一个原因。第二个原因，也就是最大的原因是，我觉得这是一件丢人的事，不值得去闹。一个大学生和一个小贩计较，本身就显得没素质——何况还那么多人对付一个小贩，不是欺负老百姓吗？我那时便起了同情心，觉得这商贩蛮悲哀。因此，我是不可能去的。

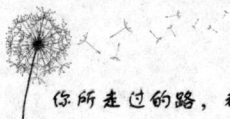

　　另一件事，我至今觉得凄凉。大二的时候，我按成绩是可以拿到奖学金的，但是，评选的时候，我的奖学金资格却被取消了，原因是我有旷课和迟到记录——我都去图书馆、阅览室写文章去了。但是，班干部他们也迟到过，记录里却没有他们，因为出勤纪录就是他们记的。我觉得不公平。找辅导员理论。辅导员不同意。我坚持。结果这事就闹大了。有一天，周三班会结束，辅导员让其他同学都先走了，留下了六个班干部和我。然后，批斗大会就开始了。他们统一对我施压，几乎是强迫性质的。但我谁的话都不听。最后，施压无效。辅导员便上报系里，说我不尊重她，让我道歉。

　　那一刻，我忽然觉得压迫，因为平时看着青春无比、风华正茂的同学，居然全都被老师收买（或者俘虏）了，没一个帮我的，那种感觉，让我想到人性的复杂和黑暗。张爱玲说，同学少年都不贱。可是，多年之后我回想，同学少年里，也没高贵的，没有说真话的，没有站在我这边的，没有为公平而战的。所以，心里难免对人性失望。当然，我现在也理解他们，当时当刻，他们当然会站在辅导员一边，但我对人性的缺乏坚持与正义，也充满了失望。至今想来，也还心有余悸。

　　这事后来的处理结果是，系里的党委书记找我谈话，他是我的一个老乡，大约看我平时发表文章蛮多，是系里的一个出名才子，便也没怎么批评我，还说很欣赏我，希望我能道个歉，可以是私下道歉。我对他印象蛮好，又兼

着他来跟我说这个事了，最后，等于是给他一个面子，我向辅导员道了一个歉。

这样的傻事，我工作后还犯过一次。本来按成绩给我的优秀员工，后来给了别人。原因还是莫须有的被污蔑。我去找领导。领导说，就这样定了。我悻悻而归。从此，觉得那个单位于我如浮云，隔膜深极了。

两年后，我成为情感专家，似乎所有的智慧都来了，我知道当时不该去找他，领导决定的事，不可能更改，还给人一个我斤斤计较的印象。比较理性的做法是，卧薪尝胆，宰相肚里好撑船，把事情干好，明年赢回优秀员工，这样才是能干大事的人。等你成功，说出委屈，人们便说你有担当，熬得住，能干大事。

现在，我已经成为自由人，不受雇于任何团体或机构。我想，在生活中要真正的公平，几乎是不可能的。今天，我完全自由，不会再向任何人要绝对的自由，也不会较真。我唯一要做的就是，让别人感到公平，自己受的苦不施加给别人。

回想起来，这些都是我为自由付出的代价，或者战斗过的历程。虽然好笑，或者都是小事，不值一提，但毕竟我曾经追求过。追求过，就总比从没感受过让人骄傲，虽然我的做法在聪明成熟的人眼里显得幼稚，笨拙，但我却一点都不后悔。

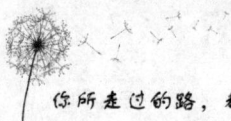

内心强大的人才有未来

> 朋友圈都容不了，还能容天下吗？你的心
> 很小，你知道吗？

有个美女作者写了文章：《不好意思，你死在我的朋友圈里》，似乎想说，她屏蔽了别人有多了不起。其实，远不是这回事。

作者去参加大学同学婚宴，同学们建了一个微信群，开始还联系，后来就淡了。有一天，小 G 对作者说，你不觉得小 D 很烦吗？她总是发自拍照秀恩爱，还代购。真想屏蔽她。作者说，是啊，我早已屏蔽了她。微信群静音，朋友圈屏蔽，作者觉得这样很牛。又过了两天，小 G 发了旅行图，作者点赞，小 D 也留言评论，问这是哪里啊，小 G 说，这是 XX，下次一起去。

作者感叹，下次是什么时候呢，也许一辈子也不会去，作者很为小 G 脸不红心不跳的谎言"赞美"不已，并引用亦舒的话说"涵养功夫到了便是真心实意地大讲假话"。

果真如此，特别是有了微信后，不必担心讲假话时的眼神、表情会不会暴露自己真实的心意，反正加个"哦"，加个"哈"，一切都可以亲切可爱。不是吗？作者沾沾自

喜，引以为傲，我却总觉得一种别扭，这里面最大的问题是虚伪。可怜的小 D，还被蒙在鼓里。估计她是个神经大条的人，还不知道作者和小 G 已经屏蔽了她，否则一定很伤心。

但是，我们的社会就是这样，一种虚伪的东西都会广为流传。微信公众号里，很多莫名其妙的帖子也能红，很多荒谬的言论也会有许多人点赞，真正的有价值的东西反而没有人关注。"世无英雄，便使庶子成名"。这时代病得不轻。

我为什么举这个例子？因为它太典型了。我早年也经历过这样的遭遇，一个很不错的朋友，走得非常近，后来我忙着创业，大概有一年没有联系她，某天给她发微信，居然发现，我不是她的微信好友，需要验证。那一刻，我的心里掠过了一丝悲凉。不过，也许是因为我有两个微信的缘故，她估计加了我两个微信，觉得我发的东西她收到两份，删除了一个也未可知。我没细究。后来我增加了第三个微信，她出现在我的新微信里。大家继续，好像什么事都没发生。

微信群有个很奇怪的现象，大家都不喜欢广告，我经常看到那些发广告的人被踢出来。有一次，在一个金融传媒群里，某人发了一个弟子信息，立即被人踢了出来。陈安之的弟子更是到处被围剿，很多群都不欢迎。其实，真的没必要了。他发他的，你不看就是了。我不明白为什么人们会那么斤斤计较，建了一个群，不就是让人家自由交

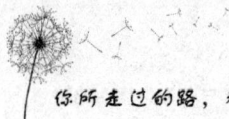

流的吗？广告也好，聊天也罢，说白了都是信息。如果你只看到广告，没看到机会，那说明，你还不够聪慧。

微信刚火那年，我刚创业，在做高端金融论坛，就在一个群里发了一个活动信息，结果有人将我踢出来了。我根本不会在意。半年后，那人看我影响力日盛，跑过来邀请我，如果我小心眼，我可以不入他的群的，但我没有这样做，答应了他。他邀请，我配合，他踢出，我也不难过，这是修炼的境界。

其实我理解那些屏蔽别人的人，有的觉得自己很牛逼，不看比自己低的人的微信，有的生活简单，只有几个熟人朋友，陌生人不看，一旦朋友圈里有了不熟的人的微信，他们就会觉得不安全。那个存在让他不舒服。这两种人共同的缺点是，心胸过狭。心胸宽阔是什么样的？实话告诉你，我有几千个群，我压根就不看群，也不看朋友圈。所以我从来不屏蔽别人，哪怕做微商的，卖面膜的。我的会员群、粉丝群里，大家随意发广告，我从来不介意。

茫茫微信，那点信息算什么？就算发了广告也很快被淹没。你本可以不看，但你还要去计较，不是跟自己较劲是什么？以我为例，偶尔有空看下朋友圈，手指一划，哗啦啦就下来了，看到有价值的信息就点开，没价值的就刷过，哪里需要去屏蔽？

回到本文开头那个案例，小 G 其实是眼红人家，人家发自拍秀恩爱，你也可以发啊。你不爱发那是你的风格，但你不能因为别人发而责怪人家。你完全可以视而不见，

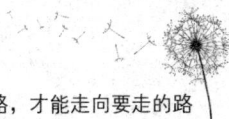

这才是高手啊。很遗憾，大部分人都做不到这点。

前段时间，一个学生告诉我，老师你发的东西太多了，我朋友圈全是你。她说她只有一部分时间分给朋友圈，如果我发的信息多，分给其他朋友的时间就少了。我觉得这是很奇怪的思维。你可以不看我的文章啊。当然，我没有说。后来她在课下问我，我说，你多少微友？她说1000多。我说我三个微信，几万个微友，我从不嫌麻烦，你若喜欢就看两眼，不喜欢就忽略，别人是无法影响你的，如果你心里有障碍，那说明你的心还不够大。她说，老师，我还没修到那个境界，不过，经过我的点拨，她通了。

微信朋友圈是一个考验，各种人粉墨登场，你是只跟自己玩，还是跟喜欢的人玩，还是跟很多人玩，考验的不仅是才华，还是智慧，更是心胸，当然，你想怎么玩只看自己的选择和爱好，无所谓对错，但能同时跟很多人玩的，无疑是胸怀阔达的人。

朋友圈都容不了，还能容天下吗？

全世界的人生赢家

所以，人生赢家，有时候也看谁活得长久，活得好。

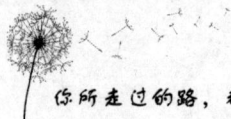

现在比较流行人生赢家的说法。中国娱乐圈，赵薇被奉为人生赢家的卓越代表。尤其是当赵薇和老公黄有龙炒股炒到几十亿大赚的时候，加上后来香港金像奖拿了影后，因此有家庭，有事业，有老公，有孩子，有大把钱，有爱，赵薇就成了人们口中的人生赢家。

这很好理解。亦舒说，如果没有很多爱，就要很多钱。爱是第一位的。如果只有钱没有爱，那也不能成为人生赢家，你能称葛朗台为人生赢家吗？尽管他也藏着大量金钱，但对孩子那么苛刻，自己也过得那么拘谨，这样的人不会享受生活，哪里能称得上人生赢家。

我觉得人生赢家有两个概念。一个是你走过了崎岖，人生都是有风雨有黑暗的，赵薇何尝没有呢？虽然当初因为"小燕子"的角色红遍大江南北，但后面就因为敏感事件被泼粪，事业一下受阻。这样的时刻，想来也是痛心疾首的，只是，谁能体味那时候赵薇心中的强烈落差？

后来，她也演过几部电影，《绿茶》、《玉观音》、《情人结》等。票房和口碑都不好，被封为票房"毒药"。这个词可真不好。人见人爱的"小燕子"居然成了票房"毒药"，那一刻，她心里肯定哀怨，这世界怎么了？观众的口味怎么了？难道我真的演得不好吗？难道我真的有问题吗？我相信赵薇有过这样的心理斗争。

但是，她并不会像有些人那样，抱怨，自怨自艾，而是冷静分析，沉默接受，在那些时光里，章子怡火得一塌糊涂，而赵薇却是票房毒药，爱情也不顺利，时尚界也

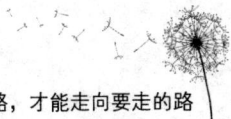

不看好她。她去读了导演系，读完后接拍了几部电视剧，《京华烟云》等，借着吴宇森的电影《赤壁》，回归大荧幕。接着，《画皮》等电影，让她甩掉票房毒药的称号。而后，她拍了导演处女作《致青春》。这期间，她结婚生女。《致青春》票房大好，时尚圈开始有了她的身影，这样一步一步，她加冕为女王。

人生赢家的另一个概念是懂得享受自己的人生。赵薇现在似乎什么都好，健康，家庭，事业，如果缺一都会让人觉得遗憾。尤其是她在法国的酒庄，这除了是生意，怎么看都是享受人生的境界。当她有一天不想工作了，随时随地，可以飞赴自己的酒庄，过一个庄园主的生活，那是怎样的惬意。我记得，谢霆锋主持的《十二道锋味》，就有一集是在她的酒庄里录的。那样的东道主的感觉，真的很好。

人生赢家第三个标志就是，要对世事看得开，看得透，活得从容愉悦。赵薇说，她现在根本不看重什么奖不奖。演戏也是，有好剧本就演，没好剧本就闲一段时间。所以你看到现在的她其实蛮轻松，《亲爱的》这样凝重题材的电影她会演，《虎妈猫爸》这样的小另类的电视剧她也自得其乐，电影与电视之间，游刃有余，这才是通透。

反观国外，辣妹和小贝，其实也是俊男靓女，郎才女貌，辣妹尽管是时尚先锋，家庭也经营得非常好。这是因为她知道人生重要的是什么，而且知道怎样做，除了保养，美丽，事业风生水起，家庭也是稳固的基石。从不懈

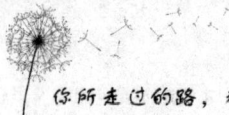

息，这样的人生才是可以持续辉煌的。

前几天，有人将张柏芝和辣妹比较，同样地可以看出双方的差距，这差距不是说谁好，谁不好，而是人生状态，人家那个状态就是可以让生活游刃有余，而你就是会孤独憔悴，而区别在于，人家用心经营、时刻打拼，而你任性妄为、太过随意。

国外的人生赢家还有安吉丽娜·朱莉，和布拉德皮特的婚姻甜蜜和谐，更生养、领养了一大堆小孩，为了狙击乳腺癌，还勇敢做了双乳腺切除术，这种勇敢和先见之明，真的不是一般人可以做到的。

另一方面，人生赢家也要活得长久，我记得前不久看过一个文章，说苹果公司有个股东，当年将股份卖给乔布斯，后来苹果股价大涨，此人错过许多机会，但完全不用担心，因为拥有苹果王国的乔布斯已经去见上帝，而那个人却在悠闲地度假。所以，人生赢家，有时候也看谁活得长久，活得好。

这么说，普通人还是有机会成为人生赢家的——只要你够健康，够幸福！

选美冠军的绚丽天空

一份好的爱情是：你们在经营这段感情时互相学习，一起成长，这样的人生才精彩。

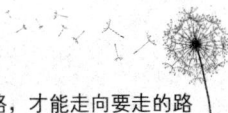

　　和 Grace 认识很偶然。那天我去妇联看一个朋友，谈一点事，但因为我还要去办调户的事，非常急，和朋友匆匆地说了几句话便离开了。当时，Grace 就在和朋友谈事。他们要做一个绅士淑女学院，在朋友的介绍下，我们就认识了。但是，非常匆忙，三五分钟我就告辞了。

　　我记得，我见 Grace 的第一眼，并没有太大的感觉，因为过于匆忙，几乎都没看清，后来她说了一件什么事，我再次看了她一眼，我忽然发现这个女孩子原来是这么美的，为什么刚才没看出来呢？我看了她的名片，原来是联合国小姐选美冠军，而她居然还在美国拿了注册催眠师证，学的是两性心理学，对于一个美女，这让我震惊。而 Grace 听说我也是研究爱情的，便说以后多向前辈请教，显得谦虚而礼貌。不过，因为时间匆忙，我很快就告别了。

　　几天之后，Grace 打电话给我，约我去喝下午茶，还送了我一本美国出版的两性书，再之后，我们居然超乎预料地熟悉起来，还成为了朋友。

　　Grace 与我组成了最佳情感专家组合，为企业家们讲授爱情及两性，我们穿梭在深圳的各大时尚派对，企业家的聚会，还有一些高端会所，有时一天能赶很多饭局，见许多人，我们以情感专家的身份亮相，跟朋友们谈天说地，谈情说爱，带给他们许多新鲜的资讯和开阔的思路，让他们的情爱思维受到刺激，精神大为震撼，他们的情爱视野

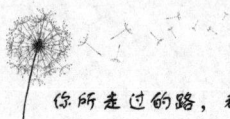

得以开阔，对人生和爱情又有了新的认识，因此，我们是朋友间最受欢迎的搭档。所到之处，皆是热情，掌声。

更有意思的是，Grace 开始相亲。而且，有好几次相亲，她邀请我也帮她看一下，感受一下，因为我是研究爱情的，因为我们是搭档，我便很乐意充当这个角色。在这个过程中，我们见识了许多不同的男人，他们有各自的故事，每个人都性格不同，上演了许多好玩或好笑的故事。Grace 说，她要写一本书——女海龟相亲记，而我则想写一本书，专门教中国男人谈恋爱——当然，Grace 要以女性专家的身份告诉男人，怎样爱女人才会更讨女人喜欢。

Grace 说，对一个现代女性来说，快乐应该是一件比结婚更重要的事。这样的 Grace，真的值得许多女生学习呢！

跟许多特别优秀杰出的人恋爱之后，对 Grace 影响最深的是，她不会像普通的女生，谈恋爱的目的性特别强，谈个恋爱就想结婚。她们对男人，就是想自己把一生的幸福都托付到男人身上。Grace 经受过美国文化的洗礼，在恋爱过程中更有独立精神。她需要的伴侣是在她的人生道路上，可以彼此分享，互放光彩的人，而不是她要抓住对方的心，产生托付终身的心理。她的恋爱经验让她顿悟到了那句话："得失随缘，心无增减！"

Grace 的父母都在深圳住了二十年，她是独生子女，也是为了和父母在一起生活，她才回国的，相亲也是为了孝顺父母。他们安排了，Grace 就去了，加上她这个人性格比较开朗，开明，觉得要"不拘一格遇人才"，没有很多

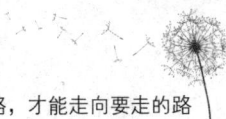

的条条框框，觉得见见也无妨，说不定就遇到了珍贵的心灵伴侣。她并没有一定以结婚为目标，但有合适的，她觉得结婚也挺好。人生有很多惊喜，在这件事上她没有太执着，心情很轻松，所以 Grace 可以很自由地和男性交往。

Grace 跟我说，她觉得美国男性比较浪漫，有绅士风度，中国男人比较质朴，厚道，非常大方，责任感很强。中国男人完全可以以自己的质朴大方来弥补浪漫不足的缺陷。

Grace 觉得两个人在一起，有各自不同的空间对感情比较好，也容易比较有激情。两个人结婚之后，也依然可以继续谈恋爱，还会把对方当成是情人知己和最好的玩伴。一份好的爱情是：你们在经营这段感情时互相学习，一起成长，这样的人生才精彩。

Grace 给单身女子的建议是：单身也挺好，单身可以被称为"贵族"，不是没有道理的。单身意味着你可以尽情地享受生活。女人不要老是把自己当成促销产品，拼命地要嫁出去，要把自己推销出去。人有一个美好的心态，自尊自爱，完全地接纳自己，一定可以吸引到好的另一半。女人在任何一个年纪，都有她独特的美丽，所以不要说现在没有另一半就自暴自弃，一定要享受当下的每一刻，要深信一定有深爱你的人与你相遇。

Grace 总结说，有时候我们太执着于一见钟情，有些男人很有底蕴，很有内涵，具有人格魅力，可能要见三四次，或更长时间的相处才能感觉到。她希望单身女孩们能

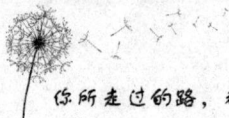

够敞开心扉，多尝试跟不同类型的男人约会，给别人机会，也是给自己机会，做一个不知厌倦为何物的人。像我常说的，在你遇到王子之前，不得不吻过一排青蛙，如果不吻过，你不知道谁会变成王子。

重返二十岁，我最想做的事

> 只有睡过懒觉，才懂得大学的自由与闲散。

前不久有部电视剧叫《重返二十岁》。我没看过，但看到这标题，我就想，如果我能重返二十岁，我该做些什么呢？

重返二十岁，我一定不会天天泡在图书馆里，不会看那么多书，那时候与世隔绝，不与人来往，以为世界就只有文学是最美丽的，最纯粹的，最吸引人的，天天抱着书看到半夜，宿舍里停电了，还点起蜡烛看，真不爱惜身体。

现在想想，那时候应该像其他人一样，好好睡觉，甚至睡懒觉。记得有个论坛里有人说，没睡过懒觉的人不能算上过大学。帖子详细描述睡懒觉的好处与妙处，并直言，只有睡过懒觉，才懂得大学的自由与闲散。只可惜，这种好处我从没领略过。

如果重返二十岁，我不会看《红楼梦》。少年时代，

也许应该看些搞笑好玩的书，或者武侠小说，但我从没看过武侠，反而迷上了《红楼梦》。记得第一次读《红楼梦》，用一个星期看完，头昏脑涨，昏天黑地，看得人像虚脱了一样。因为那种悲哀完全袭击了我。本来就是感伤之人，看到最后曲终人散，林妹妹也死去，贾宝玉也皈依佛门，只落得"白茫茫一片大地好干净"，让人的心凉到冰点，那时候我想，难道人生是这样的吗？那还有什么意思呢？如果青春注定要消散，美好注定要消失，爱情注定要完结，那还不如不爱，不如不认识，如果一切都不开始，那也应该不会太悲哀。

重返二十岁，我会去跳舞，让自己的身体无限放松，哪怕是黑暗中的乱舞，也能舞出我的精彩。可惜，那时候没跳过，现在身体都僵了，胳膊腿都很难拉伸了，想要跳完美的舞蹈，非常困难了。那时候总觉得自己不够灵活，也不帅，所以不好意思跳舞。多年后在华侨城那个船吧，和一个香港朋友相聚，音乐响起，我也走进舞池。其实是乱跳的，但一个外国人对我竖大拇指，让我觉得，原来我也跳得挺好。

如果重返二十岁，我会做一个合群的人。是的，你知道，合群是多么重要。当一个人合群的时候，你便多了一些保护。而当你特立独行，你便多了敌人。是的，你和他们没仇，也没矛盾，但你不和他们玩，你便是自绝于人群，便是异类，便是他们的敌人，这是一种天然的划分。

如果重返二十岁，我不会和这个世界对抗。我知道，

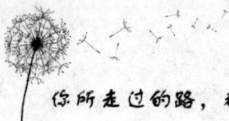

对抗也无济于事，该怎样还是会怎样，这世界，总是按它的混蛋逻辑发展，人类总是有乱七八糟的错误，但是我们会原谅它。只有原谅，才能淡漠，才能轻松，饶恕这个世界，也就是在饶恕自己，放自己一马，这有什么不好？可是，年轻的时候，我们不会这么做，我们只会想，这世界太无耻，我要反抗，我不同流合污，我要做自己。但却碰一鼻子灰，真是虐心啊。

如果重返二十岁，我要去做一件坏事，或者成为坏孩子。做一个坏孩子是很自然的事吧，在那样躁动的年龄，在那样荷尔蒙抑制不住的青春，那个时候，骂一句脏话也可以过瘾吧，跟人打个群架也可以释放压力吧，跟踪一下女孩，也可以不被骂小流氓吧。那个时候，做什么都不为过，因为你年轻。虽然十八岁已经成年，但二十岁也依然是小孩子，所以，做点坏事总会被原谅。

重返二十岁，我一定会好好地追那个女孩子，死皮赖脸地追，不顾一切地追，往死里追，追到她无处可逃。其实，男生适当强悍或者耍赖，女生也是无计可施的。许多时候，女人并不是爱一个男人，而只是被追到没有奈何，最后，就只得缴械投降了。那个时候，男孩对女人是征服，女孩对男孩是佩服。

而我二十岁的时候，完全没有这样做。我那时候太过含蓄，太过害羞，我喜欢一个人，踌躇着不敢说出口，即使说出口了，人家反应平淡，我就不好意思再追。完全不知道接下去怎么办。不知道还有穷追猛打这一招。那时候

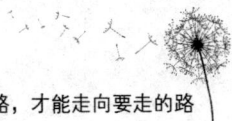

怎么没人教我呢。如果有人教我，我应该会赢得爱情吧。

多年以后，当我再次遇到那个人的时候，她已经结婚生子，而我也早已结婚，再说任何话都是多余，所以，人生若只如初见，我只愿自己那时候勇敢一些。只有勇敢，才不留遗憾。

年轻的时候只喜欢一个类型，就是淑女型，浪漫，文艺，唯美。对那些朴实的女生完全视而不见，其实，她们也很可爱啊。我记得，毕业前夕，就要分别了，在操场上的一张凉席上，四五个同学一起坐着聊天，有一个胖胖的宽脸庞的姑娘，我们聊得很投入，那一刻，我忽然觉得她也挺好的，最起码给人一种温暖感，那是世俗的生活，俗世的烟火，而我，却太喜欢风花雪月了，只喜欢林黛玉那样的，可林黛玉虚弱得让人心疼啊。

重返二十岁，我将一切都不会和今天一样。我将过另一种人生，另一种生活，另一种青春，那会不会更有意思呢？有了那样的二十岁，三十岁的我又会是什么样子呢？是比现在更好还是更糟？不过，再糟又能糟到哪里去呢？总不过也是毕业，做一个普通的白领，或者当个老师，最不济也做点生意吧，赚点小钱，喝点小酒。那样的人生，是不是也是一种幸福呢？因为可以随心所欲，可以毫不在乎，普通人不都是这样吗？想怎么过就怎么过，怎么过都无所谓，怎么过都是一辈子，这样也挺好吧？

不过，那就没今天的我了吧。因为今天的我是二十岁的我修来的。如果没有二十岁的我的那个样子，就不会有

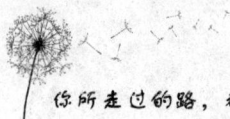

三十多岁的现在的我。但是，我现在的样子很好吗？现在的我矜持，自律，理智，严肃，高标准，严要求，不允许自己有半点差错，不会出半点闪失，连一点多余的想法都没有，这样的人生是不是也太循规蹈矩了？这样的人生像神，已经修炼到超高的境界，对人间没了欲望，对红尘没了执着，看得开，想得透，无悲无欢，不忧不喜，无欲无求，不念过往，不畏将来，云淡风轻，这样的人生，是不是也少了一些乐趣呢？

第四章

爱你所爱，无怨无悔

不服气有什么用？比别人活得好才是本事

没有人可以什么都要又什么都不做，这是不可能的。

我的大学同学找到我，向我请教情感问题。

第一次，感觉还比较新鲜。因为多年没见，我愿意为她排忧解难。我听了她很多倾诉，帮她分析，为她排解，出谋划策。

那时候，她只说老公出轨，我就帮她分析出轨的原因，告诉她该怎么做。她说好。但是，过了一段时间，她又来找我，她说她不想改变，"为什么改变的是我呢？明明是他不对啊？"我说，你的婚姻出问题了，他占据很大原因，但你也有原因，他能改当然好，问题是你左右不了他，那就先从自己开始，让自己成为一个魅力四射而又让他心疼的人，让他想出轨都觉得惭愧，对不起你，这样他出轨的几率就会小很多，甚至不会出轨。但是她说，那岂

123

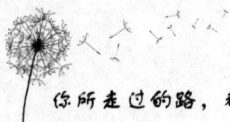

不是便宜他了，我不要。

我说，你要不想便宜他也可以，那就离婚呗。如果你想继续和好，想维持一个幸福的关系，那就先修炼自己，便宜他又怎样。你不能既要婚姻又不做改变，没有人可以什么都要又什么都不做，这是不可能的。

又过了一段时间，她跟我说，她老公回来了，并且向她发誓，不再跟那个女人来往。她信了。但是内心依然纠结，想去质问那个女人。我说你质问那个女人没用。出轨的是你老公，有问题的是你老公，你先解决好他的问题吧。她没照做，跑到那个女人那里大骂一通，结果他老公还向着人家说话，把她大骂一顿，她又悲愤极了。

这不久，她忽然告诉我，男人提出离婚了，她不同意。我说你为什么不同意，既然他言而无信，既然他说改而没改，这段婚姻已经无药可救，这样拖下去对你和孩子都不好。她说，我是想离婚，可是我觉得不能成全他，我一离婚他就去找那个女人了，我不能忍受，我不服气，凭什么我要成单身女人，而他要去找那个女人，我就不要。

这一刻，我忽然想到她大学时的样子，也是这样任性，也是这样刁蛮，就像有些固执的女子，电视里常演的，我过得不好，我也不让你过得好；我失去的东西，别人也休想得到。

其实，一个人不好了，你甩开他就是，不好了而抱在手里，仅只因为你不想让别人抢走，那真是不聪明。于是，我没有说太多的话，只送给她一句：你不服气有什么用，

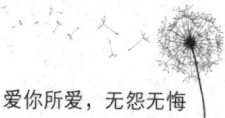

你过得比他好才算志气，才是本事。她说，我就是想不通。

然后我就没吭声。下线了。

其实，很多人都有我同学这样的心态，看见自己的恋人跟别人跑了，明明恨得要命，明明恨不得马上离婚，扔他进十八层地狱，但就是不离开，因为怕离开后他跑到别人那里，这真是愚蠢。说句实话，你这样拖着，只会让人更讨厌。

而另一些人会在工作中，生活中不服气。比如，看到别人出了成绩，不是奋斗，不是拼搏，不是自己修行，而是羡慕嫉妒恨，甚至使绊子，将人家绊倒，好让人家陷入谷底，这样就不会超越自己了。这样的人，更是愚蠢到家。你绊倒了这一个人，还会有另一个人冒出来，如果你不努力，总会有人超过你，那时候你怎么办？

临渊羡鱼，不如退而结网，这老话真是概括了一种人生态度，做好自己，不要管别人。别人再好，都不如自己做。如果你不做，你便永远只能站在羡慕的地位，而不是让别人艳羡的主角。这样的人生，也是一个悲剧吧。

就像我最近看到的一个标题，为什么很多人的梦想仅只是梦想？为什么许多人新年的愿望最终都没实现？就是因为毅力不够，努力不够，拼劲不够，学习不够，实践不够，所以最终梦想成为泡影，永远无法照进现实。

我从不羡慕别人，也不会不服气。因为我知道，不服气是弱者的心态，而你活得比别人好，才是志气所在，才是真本事。

就像我多年前写过的一篇文章，我批评那些批评虹影

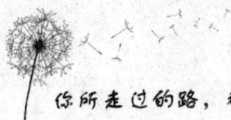

小说揭露隐私的人，我说有本事你也写一个啊。既然写不出来，就不要随意指责别人，那种乱批评的人也是犯了这样的错，不服气，不愿意承认别人的快意和潇洒，而忽略了其实自己可以做得更好。

我们就这样，相忘于江湖

> 是的，我将我对 H 的思慕定义为友情，这是确凿无疑的，因为我们今天就是以友谊的方式相认，相处，这是最好的结局。

H 是我的初中同学，初二认识。那一年，我从纪律差的一班申请调到二班，冒着非常大的阻力。因为我们班本来是尖子班，后来班主任管松了，二班班主任奋发图强，打造了一个示范班，我择木而栖，调到二班。H 则从初三下来，留到二班。就这样我们成为了同学。

那时候我们交集并不多，只知道她是个可爱的姑娘，普通话好，文艺好，学习也不错，很讨老师和同学喜欢。我初来乍到。虽然学习优秀，但有几个上一届初三留下来的人，总分会比我高。因此，我除了学业优秀外，没有别的特长。再说，那年头，一个初三学生，即使有特长又能做什么。

她真的很好看，浓眉大眼，四方脸，甜美。性格好，总

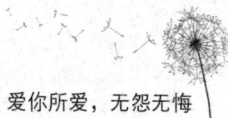

是笑意盈盈。人很聪明，心地善良，待人处事都比较成熟。

那时候，我们之间并没有超越同学的情谊。

初三毕业，我们都考到了县一中。她在四班，我在三班。高二分科后，我们都共同属于文科，五班。那是我对她感情发生变化的一个时间点。我不记得开始是怎样的了。只记得，我那时候坐在第一排，她在我的身后，第二排。因此，我下课十分钟的时候，总喜欢回头跟她说话。我喜欢跟她聊天，哪怕上课铃响了，我还舍不得扭过头。不回头的时候，听到她的笑声或说话声，也会觉得异样。那应该是最初的悸动。

我们私下相处并不多。我记得，有一年，她组织大家订政治学习报，是学习资料。大概有十多个人订吧。有时候报纸寄来，数量不够，她就说，先给其他人吧。我们这几个关系好的，熟的，就先欠着。那一刻，我觉得我比较开心，最起码，在她的眼里我是可以担待的，算是熟的同学，也可以说是"铁"。就是说，可以先保证其他人，而你，关系铁，所以有没有无所谓。这个界定让我觉得骄傲，感觉好像和她近了一步。

高三，我们都在学校对面的人武部租房，我不知道她具体住哪里，她到过我的房间。我合住的男生也是我初中同学，他读理科，当时正处于叛逆期，有时候不在房间。不知道什么起因，也许是我那男同学跟她说的吧，也许是她自己看到的，总之，她大约觉得我没有手套，就帮我织了一双蓝色的手套。

　　高三学业紧张，她居然还可以抽空帮我织手套。时间很赶，几乎是熬夜赶出来的。我记得，织好的那天黄昏，她第一时间来到我的房间，给我试。毛线针还在手套上，没有去掉。她让我试下是否紧，如果紧的话可以再改一改。大概是有一点瘦，又改了一下。后来，这手套就陪我度过了整个冬天。

　　另一个深刻的记忆是，有个黄昏，初中一个同学，我们非常不喜欢的一个男生，要去参军，到县城来体检，他要到我的小屋里。我和H都不是很喜欢那个男生，于是，我们在他来之前，赶紧跑了。我记得，我们沿着院墙的绿藤，一路狂奔，仿佛两个逃生的恋人。那是个狭长的胡同，上面都是绿色的藤蔓，走在那样的地方，心里就有我和她是恋人的感觉。前几天看徐静蕾的电影，片名叫《有一个地方只有我们知道》，我就想到了那个巷子。那个地方，那个属于我们俩的巷子，只有我知道。

　　这就是我对她的所有记忆，所有能想起来的，相处的记忆。而那些时光又没有影像，没有事件，甚至不记得聊过什么，也许是学习，也许是娱乐，也许是其他，总之应该不是吹牛，因为我从来就不会吹牛。

　　我确实对她有好感，而且是非常强烈的。我想她也许能看出来，因为其他人都看出来了。我每天都回头跟她说话，对其他女生却很冷淡。我内心非常骄傲。我是个单纯的人，从来喜怒哀乐都形于色，我想其他人一定看出来了。因为有男生就调侃、嘲讽过我，说你喜欢H谁不知道。我

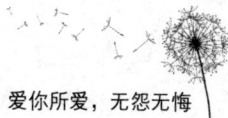

极力否认，但那是欲盖弥彰，无异于肯定了有这回事。

我告诉自己，等高考结束，等上了大学就跟她表明心迹。我觉得我很理智。但其实，也许我那时候自信心也不够。我不知道我说出后会是什么后果，也许她会拒绝我，也许……我的理性压过了一切，根本不会表白。

唯一的一次，我给她送过一张贺卡，写着友情和尊崇兼备的话，大概是说我是一片枫叶，而你是整片树林或者是说我想成为一片树林的意思，我愿意永远给她支持，现在全都想不起具体内容了。但好像带有试探表白的意思，我想她应该可以感觉出来。她有没有回我，我不记得了。

高考终于结束。我考得马马虎虎，是个本科。但不是我想要的重点大学，而是师范学院。我们没有告别，没有聚会。她发挥失常，刚过专科线，就没读。新学年开始，我去大学报到，她复读。那时候我一直想回县城看她，但一直缺乏勇气。我不知道该以什么样的心态去面对，以什么身份相见。那时候流行听广播，我听安徽音乐台的一个节目，放了很多老歌，每当深夜，便陷入对她的思念中。有时候眼泪都会流出来。当然，那是无人知晓的。

也许是我自卑，我觉得自己不够帅，不够有钱，没有考上重点大学，尊严和面子都欠缺，所以，我压根不好意思去看她。更主要的是，我不知道我去了可以说什么。

后来的某天，这种想念终于停止，或者在新生活面前，我终于不再沉迷过往，不再忧伤，转而接受新的人。我喜欢上另一个女生，她带给我新的灵感，成了我爱慕的

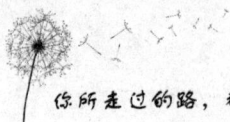

对象。也许世界上没有一个男人是真正专一的，因为某段感情总会被另一段感情取代，某个人总会被另一个人替换。但是，我又不算花心，因为我和 H 毕竟没开始过。

只是，那一段感情也千疮百孔，让我遍体鳞伤，伤得体无完肤。而我对 H 的感情，也不能说全都停止，中断，它只是内化为我心灵深处的一段记忆，成为青春的底色，甚至是生命的底色。因此，她总在我内心深处徘徊，从没忘记，只是不再刻意想起，不再成为新生活的障碍。

之后，我经历了很多生活的变化，遇见了不同的人，有各种不同的际遇。但对 H，还是会有对别人不一样的情感。那双手套，蓝白相间，非常好看。我一直戴到大学毕业，去亳州工作也戴着它，去上海也戴着，到深圳还戴着。可是，深圳几乎用不着手套。有一年，我翻行李箱，看到了它，有点旧了，还破了，几乎都不能戴了。其实那个时候，我还是很想 H 的，非常想，只是不知道怎么联系她。我也百度过她的名字，但都没找到。我就写了一篇文章，作为对 H 的感念。那手套就放到行李箱底下了，压在学历证书下面。后来，几经搬迁，也不知道是放到我老家的大箱子里了还是弄丢了，现在我不知道它在何处。

2006 年，我有个高中同学 F 来深圳和我合租。他来的第一晚，我们睡在同一张床上，彻夜畅聊，一刻没停，聊这么多年的变化，种种机遇。说到 H，他说，你不知道吗，H 高中有谈恋爱啊。我想，啊，这样啊，和谁，怎么我从来都不知道。那个时候我都经历了很多，但骨子里还是没

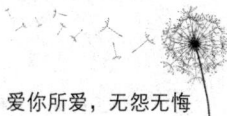

放下 H 的，这种情况，像多年后看马尔克斯写的《霍乱时期的爱情》，你喜欢一个人，却从来没有机会，但你不可能停止和其他女生的恋爱，交往，因为情欲，因为性欲，因为新的生活，因为情感的慰藉，因为需要灵感，因为你想展示自己的价值，想证明自己的能力，因为你是一个男人……但是，你内心深处，其实一直有一个人。如果她出现，你会放弃其他所有人，她没出现，你则能接受其他人。

F 的话让我再次跌入谷底，我想原来如此啊，H 当然不会选我，我又不高大，不阳光，没有力量，不是她想要的男朋友，她想要的一定是她老爸那样的，帅气的，有男人味的。而我，显然弱爆了。

F 的话让我明白，H 她恋爱过，对象不是我。那很显然，也很简单，我陷入的是对 H 的单恋。

这期间，我谈过几场长长短短的恋爱，有一次几乎都要做爸爸了，但命运的原因，运气的原因，我的生活发生了很大的变故，几乎是一场劫难，对当时的我来说，这让那段感情发生了变化。曲终人散，我再次变成一个人。但是，恋爱是不会停止的，因为我们总是要找到那个命定的人，尽管在此之前，我们可能会遇到各种人。但是我已经开始变得自在，没有之前那么被动。我开始掌握主动权，也不再含羞。

后来，我恍惚听说 H 在 B 城读完书，嫁了一个特警，去了北方。那之后，在一段让我觉得沮丧的感情之后，我遇到了我命定的人，也就是我现在的太太。我用了很多力

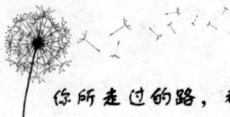

气追她，花了很多心力，哪怕她赶我，撵我，我都死缠着不放手。于是，一年后，这感情渐入佳境，我们彼此依恋，再也分不开。现在，我对她的感情越来越深，而她也越来越依恋我。我们的爱情里有了亲情，信赖，彼此相依为命，相濡以沫，时刻都无法分开。

这几年里，我也成为情感专家，到处演讲，授课，写书，我觉得我很幸福，我真的很幸福。我以为我不会再有所悸动。因为遇到很多人，我都能心如止水。不管是多么漂亮的姑娘，在我眼里都没我太太好。但是某天，H在网络世界出现了，第一次让我心思恍惚。

H说想策划一场高中同学聚会，想先联系几个同学。我们在群里打了招呼，加了好友。我非常激动，怀着莫名的心绪看了她空间，知道她现在有一个五岁的女儿，当我知道，她在亳州做过电台主播，我非常吃惊，因为大家都说她嫁了特警去了北方，却没想到她居然在我逃离的那个城市生活过。如果我知道她在那个城市，我打死也不会离开。我说，你不是去了北方吗？她说，你不是师范毕业回去教书了吗？我想这都什么人传的啊，我早都离开了安徽。原来这么多年，我们都没有彼此的消息。我说，早离开了，我这样的人是不安于当老师的。她说，确实。

人生就是这样，我们居然同在一个城市待过。不过一切都晚了。我后来得知，她在亳州时是2006年，而我2004年就离开去了上海。我们就这样擦肩而过。

接下来，我们聊了两三次，H说你现在潮多了。我想说，当然要潮，不能永远当丑小鸭啊。我问她的工作，她说做导游，女儿很漂亮，五岁了。我祝福她。这是很多人都会遇到的吧，当你终于知道你原先喜欢的人已结婚生子，而你也有了心爱的妻，你们各自安好。这种阴差阳错，或许就是人生。

而 H 也深悟了人生，她说她现在是一个人养一大家子，还说，"可能你们都以为我是娇娇女，其实从来不是！本以为会嫁一个顶天立地的爷们，但也不是，所以你想想就知道了啊！"我大概明白了，想她生活中也许发生了变化。那一刻我想，如果她当初选择的人是我，我或许可以帮她分担。虽然我看起来瘦弱，不高大，但如今可是全心全意对太太啊，何况她曾经是我的女神，为她当然会义不容辞，但我没这个机会。

所以，这就是人生。

那几天，我总是很容易想到她。太太上班，我去演讲，或者在家写作，脑海里总会跳出她的影子，思绪翻飞，但都是正面的，比如，想如果她真是一个人，是不是很辛苦，她应该去做主持人，或 DJ，我想她值得更好的生活。当然，这些并没对她说，只建议过，希望她可以继续追梦，她说梦想照进现实，需要条件，所以很羡慕我。我想她是指我终于成为了作家，但我失去的还少吗？那些颠沛流离的生活，那些流离失所的日子，那些青春的寂寞，那些默默无闻的时刻，今天的这点成绩不足以抵消我过去所有的苦，不足以让我甜蜜到忘记过去的心酸。

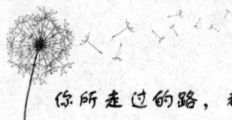

　　但是，在外人眼里，也许我也算实现了理想吧。

　　我甚至想，如果我去北京签售，我一定会拜访她。我要去看她。我们都到了这个年纪，都终于领教了生活，明白了什么是真正的人生，而她是我回忆里唯一全都是美好、纯粹、令我感动的女生，可以说是我最真挚的友情。我们一辈子，有这样一份友谊，已经非常幸运。所以，虽然我那几天总是想起她，但都是无邪的。我跟太太说，我有个高中同学最近联系上了，她女儿都五岁了。太太淡淡地回应。我说，她人很好，当年给我织过手套。太太说你喜欢过人家吧。我说是的，我对她有过好感，但她对我是友情。谈话仅止于此，后来就没了。

　　新年前夕，我看她在群里和昔日密友聊天，H说"归置旧东西，翻出来过去的唱片，郑中基、陈明、王菲、孟庭苇，还有两盒一样的朴树……"那一刻，我想起了青春。而今，我们都不小了。

　　密友说想起H当年在班会上唱过的《快乐老家》，还有她在操场上唱过很多遍的《好人好梦》，当时她还一人分饰两角。H说，如今真的要一人分饰两角了。那一刻，关于她的情感生活，我想我已经知道了大概，我开始为她心疼。

　　不过，H也许并不需要我的心疼。

　　我想，每个人都有不可预料的生活，也不知道命运会将自己推到何处，就像H，就像我。H当年总是那样明媚、浪漫、阳光、快乐，如今也成为了养育女儿的小中年，而我，也已历经沧桑，拼尽所有，吃尽苦头方换来今天，也

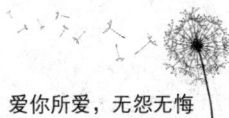

不算大富大贵。我们都明白了何谓人生。

　　而回首我与 H 的十几年情谊，我真的不知道该怎样形容它。这算恋情吗？可它从来没开始过，甚至，它只是我一个人的独角戏。这不算恋情吗？H 又真的让我牵肠挂肚过，让我朝思暮想过，即使今天，我依然觉得，她是我心中动人的一幕。这或许也是我和她的情谊，从没开始，所以永远不会结束，从没表白，所以从来不会失败，它无限绵延，一直流到如今，它是我们的青春，是我们的真挚友谊。是的，我将我对 H 的思慕定义为友情，这是确凿无疑的，因为我们今天就是以友谊的方式相认，相处，这是最好的结局。

　　所以，这世间一定存在着一种情感，它超乎友谊，却并不是爱情，它让我们在人生的道路上，能够感到有温暖的陪伴而不孤单，让我们多年后想起，还能觉得，那真是一个很不错的人，那份情感，让我们隔着遥远的时空，彼此惦念，但又发乎情止于礼，让我们真心享受，又彼此祝福，让我们相忘于江湖！

我只是遗憾不能陪你一起老

　　　　我对爱情所知甚少。

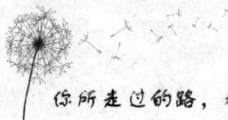

莉：

见信好！

其实我没想过给你写信，或者说，我不知道怎样给你写信。认识你这么多年了，有时候我觉得对你非常熟悉，有时候又觉得我和你相当陌生。熟悉是因为我们有四年在同一片天空下，甚至有两年，我们坐一起，相聚不过十厘米。陌生是因为，自从大学毕业一别，到现在已经将近十年没见，而且，我们从没联系过，所以陌生得很。

其实，我说和你熟，主要是因为当年我喜欢过你。但是你知道的，当年那样一个我，那个来自农村的孩子，那个孤单的文艺青年，他不可能打动你的芳心。但是，因为我喜欢你，所以我给你写了那封信，那封所谓的情书。其实，我到现在都不觉得它是情书，因为没有花里胡哨的东西，没有浪漫热烈的言辞，没有一般情书那样激情澎湃让人热血沸腾的诗句，它只是我心路的轨迹，是我真实的情感。就是那封普通的信，却费了我好几个晚上的时间，我不知道怎样对你表达，因为文字有歧义，真正懂文学的人会发现，文字有欺骗性，所以我一直对文字是否有误读表示怀疑。我怕失去你，怕你觉得我自作多情或者不自量力，我怕恋人不成也做不成朋友。不写，又怕失去你这个"恋人"，所以我衡量再三，最后还是给你写了那封信。在表达爱慕方面，男人总会鼓起勇气的，不管他多胆怯害羞。

不过，如你所知，那封信最终抵达你手中。我彻夜未眠，期待你的回信。但你第二天上课，只递给我一张纸

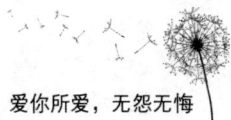

条，你说，"抱膝还你衣裙，歉意已随风而去。我是天空的一片云，不会选择离去的方向，爱染晚霞的红晕，你应该明白我的心。"这短短二三十字，居然让我蒙了。我当时真的不知道什么意思，我猜不透你。你说，我应该明白你的心，我是明白你，所以才写信给你。我知道你所有的好，知道你的美，也知道你内心的孤傲与坚持，我知道你是最棒的女孩，我知道我爱上你了，无药可救，所以才给你写这封信，可你，明白我的心吗？

我记得，当时我为这封信苦恼了几天，猜不出意思。又不能向同学说，像我这样心性清高而又矜持的人，怎么可以问同学呢？于是，最后实在不得法，我去问了一个已经毕业的师姐，因为绝对相信，不怕没面子，我便去了她那里。她没有道破，只说这是藏头诗，你将第一个字连起来读……天！我都不敢连起来读，因为连起来读居然是拒绝的意思。我那时候以为你是出于女孩子的自尊，或者害羞与矜持，所以这样写。便再次约你出来，想再给自己一个机会。可是，约你出来，我却不知道怎样表达，嗫嚅着，无法开口。你说，你想说什么就说吧，不说我就走了啊。我依然无法说出口，你便走了。我看着你走向教室，站在过道里的我只能走向无边的夜色，因为我无法再回到教室。

那之后，我们的关系便疏远了。不是故意的，因为我不知道接下来该怎么做，所以便显得尴尬，后来，你和别人换了座位，再后来，我们便很少接触。你知道吗？那时候我有想逃离的冲动。在整个大学四年，属于我的只有

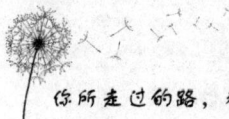

两年，就是和你同桌的两年。之后的两年，我的心死了，我仿佛也死了。我和你失去了彻底的联系，连朋友都不能做，那种近在咫尺、心隔天涯的感觉，是怎样的一种无奈和悲伤，想来你是无法理解的。我记得，大约是大三的某天吧，我追上去对你说，让我们还是做朋友吧。你说好啊。其实，我当然想和你做朋友，但我做不到啊。因为我无法面对一个我很喜欢的人，而后还若无其事地和她做朋友。我没那么豁达。

后来，时光就将我们送到了毕业。我们没有特地地告别。2004年，我去上海，你在华东师大读研。我从某电影杂志社辞职，流离失所，找不到自己的定位，而你在读书，有很好的前途。一个同在华东师大读研的朋友约我，我去他那散心，他说你也在，就一起见吧。我没反对。在那个湖边，我们见了，聊了五六分钟，你穿着连衣裙，比大学时代更加动人，气质优雅。我大约刚失业，心情低落，被上海折磨得也没了自信。于是，觉得没面子，居然先提出了告别。没有侃侃而谈，没有同学见面的兴高采烈，没有去吃饭喝酒然后唱歌聊天，没有拥抱，没有喧哗，我唯一能做的就是早点离开，或者说逃。是的，我那时候没任何条件，没有资本对你说，我依然喜欢你。

那居然是我们的最后一次见面。2005年我来到深圳，而你在上海。我一直在想着你，你或许永远不会知道，那时候我和谁见面都会想你，跟任何女生约会都会将她和你比较。在我心里，你永远是那样美。

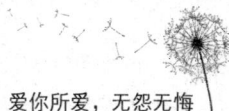

　　2008年，我终于也可以恋爱了，像个正常的男人，可以将你放下，去追我喜欢的女生。但是，一个上海同学的婚礼，邀请我去，我到了宁波却没勇气转到上海，因为我想你和他妻子关系那么好，你肯定会去，我不知道怎么面对你。我甚至不知道见到你会是什么情况。所以，我最终又选择了逃避。那时，我甚至写了一篇小说，《三年会》，我设想和你见面后的各种情形，但我最终没有见到你。

　　后来的后来，我成了情感专家，我居然教很多人恋爱，谈情说爱，或者处理婚恋问题，当然我也见识过很多女孩，人生阅历增多，整个人也变了，比如，比以前帅了，人也开朗多了，甚至成为社交高手，我可以在最短的时间和别人成为朋友，但是我没办法追到你。因为你早已结婚。而我回想当年，你没选择我是理所当然的。我的遗憾只在于，当时的我那么笨拙懵懂，居然不知道怎么追女孩子，没有死皮赖脸地追你，也没有像别人那样有出息，也没有在被你拒绝后发愤图强考研成功，然后和你一起在华东师大相聚。要知道，这可是我刚入学时和你一起相约的啊，而我偏偏选择了走向社会，选择一条叛逆曲折的路。我以为我写得好，可以迅速成名，成为名满天下的作家，哪知道我选择了一条最为艰辛的路，这条路的危险，不确定，艰辛，心酸数不胜数，而我的才华居然不够用，所以我比别人吃了更多的苦。

　　2011年，在感情的道路上历经磨难后，我终于遇到一个最喜欢的女生，然后我们很快结婚。这时候，我差不

多忘记你了。但是，说忘记其实也是自欺欺人。有时候，深夜也会想起大学时光，也会想到你：如果我和你一起考研，那会是什么样呢？如果我那时考研做一个学者，像你一样在学校里教书，应该比现在的我平顺许多吧？

想象瞬间湮灭，因为我不让自己多想，我告诉自己，你已经有了挚爱，要活在当下。我也确实是活在当下，爱在当下，珍惜枕边人，我想，你再好，与我又有什么关系？你再好，也没和我走到一起。这样想也许不对，但这样想却会让我迅速忘记你。

2014 年，有老同学打电话给我，邀请我参加同学会。我没去，同学会也没聚成，但我却被拉近了一个大学群，在那里，我看到你的名字。我很少发言，也没见你发言。后来，我在群里说了一句什么话，问大家有没有要去新西兰的，你说没有。然后我就私信你，问你在做什么，你说教书。我知道你在上海，便没问你在哪个城市。我也知道你应该已经结婚了，便没问你是否结婚生子。没聊几句，你便说下了，然后我也下了。就这样，我们第一次在网上聊天只有寥寥数语。我发现，居然是这样平淡。是的，我曾经幻想过无数惊天动地的相遇，想象过无数见面潸然泪下的情景，没想到最后会是这样的平淡无奇。那一刻，我也终于明白，我心头彻底放下了你，我终于不再想你了，这是幸运还是悲哀？

又过了很多天，我在大学群里看到你的名字，便点开了看，空间是密锁的，但资料里有年龄、血型、星座、爱好这些选项，我居然发现我对你一点都不了解，我至今不知道你多大，什么血型、生日是哪天，那我当初凭什么喜欢你呢？看来，年轻时候，我们真的不懂爱情。但正因为不懂，所以才越发真挚，因为那时候是喜欢你这个人本身啊。

所以，今天，当我成为婚恋专家，被人奉为导师追捧崇拜的时候，我其实有点心虚，因为我会想到你，想到我错过的你。而且其实，关于爱情，关于和你的爱情，我真的所知甚少！

你爱的与爱你的都不是好姻缘

一生中最爱的人——我们该如何选择爱情？（男朋友？女朋友？恋人或夫妻？）

亲爱的外甥：

我应该喊你路路，因为这是你的名字，因为我都是这么喊的。我最近比较喜欢写书信体专栏，所以我打算给你写一封信。其实，很早以前我就想给你写一封信，谈谈我对爱情的看法。但我一直拖着，直到最近你的恋爱成了问题，所以我才决定给你写一封信，谈一谈它。

我最早知道你恋爱是你老妈从宁波打电话给我，说你

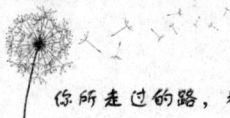

可能恋爱了，学习下降了。那时候你高三，你老爸刚经历过一场磨难，家里经济紧张，我非常担忧你们。但那时候你的恋爱不明朗。其实，我听说早在初中你就有恋爱迹象了。你本来非常聪明，老师们都夸你，但中考第一年你没考到理想的学校。第二年，再来一次，你考上了县一中。

然后就到了高考，我一直打电话鼓励你，希望你全力冲刺。但有时候忙起来也会忘记，而且不知道你的心思，怕总打电话也会让你倍增压力，因此，高考之前的电话是少的。我想，顺其自然总是好的。高考结束，你老妈跟我说，考的是二本。你没有选择合肥，而是去了杭州，浙江农林大学，一个很偏的地方，完全出乎我预料。我原希望你会学习金融或计算机，因为这是当前最吃香的两个行业。我说过，最好学这两科，可别像我，学中文，做个作家，最后只剩自由。但你不可能学中文，我只是举例。

但是更让我意外的是，你的恋爱。你老妈发来一张照片给我，又打电话，跟我说这是你的女朋友，个子挺高，但黑，显得不够大气，你爸妈都觉得不够好看。让我给意见。我说还可以，而且，只要你喜欢就可以了。又过了一段时间，你老妈又打电话给我，说这个女孩子自诉她老妈比较泼辣，你妈深知你小舅妈的母亲比较泼辣因此让我们受了许多气，有点担心。我说那还早呢。再说这女孩子上了大学应该不会跟父母学。

我给你打了一个电话。你说这个女孩子还好，就是比较依赖你，天天查看你手机，早上六点给你打电话，你说

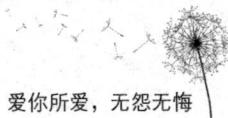

还在睡觉她就会生气。我想说，这世界上的女生大都是这样的，黏着你只是爱你，关心你。一大早给你打电话，你不搭理她她当然会生气。我想说我天天跟你二舅妈生活还迁就她很多，甚至有时候她可以很黏我，但也会怨我。但我离不开她，我知道这就是我和她的爱情。但我怎样向你讲，你才19岁，年少，冲动，我如何让你学会迁就和包容呢？

接下来，你告诉我你最喜欢的女生在合肥，是你的高中同学。你老妈说，她见过那个女同学，知书达理，识大体。你说那个女生不依赖人，很自立很独立，不跟你纠缠。我说，那你怎么办？其实我此刻也有点犯难。第一，我没想到你这么快恋爱。第二，我没想到你合肥还有一个最喜欢的人。那么现在，你是该去找合肥的那个女生还是和现任女友好好相处？我是一个情感专家，我帮助过许多人，我苦苦寻觅，深知最爱的女人对一个男人的意义，所以我鼓励你去找最喜欢的那个人（从内心深处来说）。但你该怎样面对现任？你说你要和她分手。我说可以，但是不要太激烈，一定要和平分手。两天后你老妈又告诉我，你已经说了分手，但那个女生一气之下去和同学喝酒了。

我问你，合肥那个什么状况，你说你喜欢她，但不确认她是否喜欢你，你又说，快追到手了。具体情况我也不知道。但我听你老妈说，你上大学办庆祝酒席的时候，这个女同学是舍弃了其他同学的酒席邀请，特地来到你这儿庆贺的。那意味着至少作为同学她比较看重你。所以我

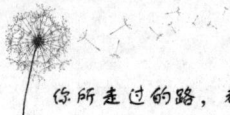

跟你说，如果你喜欢她这件事可以确定的话，就可以和现任分手，追她不是没有希望。但没几天，你又和现任复合了，你说其实是没有分掉。

这是最纠结的情缘。我可以想象，如果你和合肥女生确立恋人关系，你需要天天去合肥看她，而异地恋需要经受考验。而如果你不和她确定关系，她很可能被别人追走，那么这对你也许是最大的遗憾。但是我也对你老妈说，人生很长，很多人都要经历很多段恋爱，最终才能走入婚姻。也许，你和现任相处着，将来怎样谁知道，但这样说又不合适。我也知道你是个好男孩，不会脚踏两只船，所以你会痛苦，你也有勇气分手去找最爱，但毕竟年少，很多事情还处理不完美。

我是个情感专家，但我很难帮你做抉择，因为我深怕影响你。而如果是其他人问我，我可以滔滔不绝，给他很多方案，或者只给他一个最狠最坚决的方案，干净利索，不拖泥带水。但你的感情我束手无策。

我现在研究情感，但我觉得你比我强。我高中时喜欢的女生只是静静地喜欢。大学时喜欢的女生最终没有在一起。我记得，我2008年在宁波北仑，带你去公园玩，你看到青年恋人在一起就问我，小舅你什么时候找女朋友。那时候我正苦逼地思念着某人，而我对她的思念是无望而绝望的。那时候你只有十一二岁。多年以后，你孤独求败的舅父成了情感教父，成了爱神，天降大任，我终有所获，终得安慰，终获成全，但我更喜欢你现在这样，拥有女生的爱慕。

我问你，你讨厌现任吗？你说不，就是觉得缠得烦。我说任何一个女生都会这样，因为深爱，所以痴缠。天下的女生都希望男生宠她，而年轻的男生——如你——是不大有耐心宠爱她的，所以才会有年轻人的任性吵架。你说这个女孩什么都和你说，而合肥那个总不说，猜不透。我说，如果从选择伴侣的角度，当然要选一个什么都和你说的人，知心。就像你说分手她会去喝酒一样，也是真性情，在乎你。而什么都不说，像薛宝钗一样理智高冷的女生，缺乏一种亲切感，男人会觉得不踏实。但也许你喜欢那种高冷？再说，那样也挺好，一个姑娘特别理智，不跟你要小性子，不麻烦，也是很多男人喜欢的轻松。所以你要怎么选？

我不给你判断，我只告诉你，你现在遇到的是两个截然不同的姑娘，性格不同。但另一方面，你之所以觉得这个合肥女生不纠缠你，主要是你们还是好友关系，不是恋人关系。如果你们确定了恋爱关系，她也会像恋人一样要求你，关系不同，要求不一样，感受当然不同。这一点，你要思虑。

你遇到的问题，是许多70后和80后，甚至60后都很难搞定的问题，最爱与次爱。你遇到的问题是多方面的，异地与同班，你是要远水不解近渴的异地恋还是要现实的温暖陪伴？这都是你要想的。当然，你也可以什么都不用想。最后告诉你一招，假使三年后你毕业就想结婚生

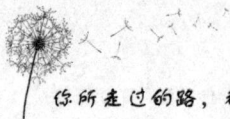

孩子，你最想和谁在一起？最想让谁做你孩子的妈？最想让谁陪你走进婚姻殿堂？

撇开异地，撇开已经存在的恋爱关系，别去想合肥的女孩表白后是否成功，别担心现在的女友分手后是否会对她造成伤害，就问你自己，两个女生站在一起，那一刻，谁让你电光火石？谁让你激动万分、脸红心跳？谁让你想牵手一起走？

当然，你也可以什么都不做，静待时光检验，让岁月来裁决，假若三年后，你和杭州女生恋爱顺利，毕业结婚也就结婚了，那说明你俩是适合的，或曰有缘；而合肥那个女孩只好成为红颜，相忘于江湖，从此天涯遥念；假若你和杭州的姑娘分手，与合肥女孩一起，那杭州女孩就是你的青涩时光；每个男人都有青涩、成长和成熟时期的恋人。人生有无限的可能与遭遇，就像你二舅我居然从安徽跑到上海又来到深圳，而我之前以为的那些最爱最终都不是我的真命天女，因为你舅妈在深圳等着我呢。

不管你和谁在一起，开心都是最重要的，当然我说的是，要让对方开心，当然更要让自己开心。如果开心都没了，和谁在一起都没意义。

你的研究婚恋的舅父陈保才

2015 年 1 月 25 日深圳

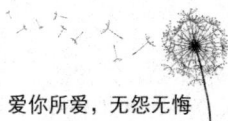

成熟是一辈子的事

他，依然会被女生们说单纯不成熟，但这又
有什么关系？她们愿意和他待在一起，这就够了！

年轻时，他以为读的书多了就会自然成熟，他总是比
别人辛苦一万倍，天天捧着文学名著在那儿读，一本接一
本，他以为自己会成熟起来，但现实却给了他打击：世俗
的经验他不会，不会修电器，不会配钥匙，不知道怎么撬
开一只忘记密码的箱子，于是，遇到麻烦，便需要请教别
人。对方说，"天哪，你怎么连这个都不懂！"三下五除
二，一下子就搞定了，他在那里心神恍惚：为什么这么简
单的事情，人家却可以做得如此得心应手，而自己却那么
费劲呢？

他不太会搞人际关系，待人接物，除了真诚，全无技
巧。他本来以为有真诚就够了，后来发现与人往来，真诚
只要有一点就够了，剩下的，那就是相处的艺术了。他不
会吹牛，不会夸张，有一说一，一五一十，绝不搞虚假主
义。他开始以为这是真诚，但别人却批判他单纯。他心里
还不服气，我明明比你读书多，我怎么还单纯呢？

我那文学滋养过的心灵，多丰富啊！可后来才知道，

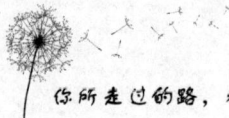

人活在这个世界上，心灵丰富不是必需的，关键要心理成熟。而成熟，又和心灵丰富没有多大关系。

读成了书呆子，似乎世界上只有书，世俗的享受他全不懂。他不懂得打牌的乐趣，没玩过游戏，结伴看片的经验他没有，打群架的经历他更匮乏；他没嗑过瓜子，不知道喝点小酒的乐趣，就连抽根烟，装酷吸引女生他都没体验过。他不懂得松弛，总是时刻奋斗的模样，紧张，辛苦，看别人闲聊或游荡，他还当人家那是浪费时间，后来他才明白，那是会享受生活的大智慧。

他以为女生都喜欢特别的人，他独来独往，我行我素，敏感，自尊，以为自己是一道独特的风景。当然，别人也当他是风景，但别人却只会远观这道风景，不会走近他。他以为女生都喜欢才子，但女生在恭维过他的文笔之后，却和别人谈笑风生去了。原来，女生喜欢的是有趣的人，不管你是什么样的人，只要能让女生笑出来，她就会认同你。只可惜，当他悟出这一点的时候，青春已经过去了。

还有生存，他觉得生存是一件严肃的事，别人很容易就能获得富足的生活，而他要非常艰难才能获得安稳，他不具备商业才能，也没有足够的精明来往上爬，他吃了很多苦，费了很多心血，才算摆脱了那种生存的困境。

他以为自己这下子总该成熟了，但女生们依然说他单纯。比如，他不会揣摩女孩子的心思，他觉得只要对一个女生好就够了，他不懂得那么多浪漫的举动；他曾经以为自己是浪漫的，文学熏陶出来的浪漫思维，但他却忽略了，爱情的浪漫更多表现为一种行动，而不是理想主义者的幻想与狂想。

他至今都不会哄女孩子开心。他常常惊讶于那些从别人嘴里蹦出的金句，别人可以将一则笑话说得文雅而不粗俗，并且说的时候一本正经，神色坦然，令周围的人捧腹大笑，但他却不会这些。他曾经也去微博看过笑话，冷段子，想回来说给心爱的人听，临到发挥却想不起来，勉强记起却又生硬艰涩，一点都不好笑。

他觉得自己缺乏幽默风趣的天分，他离成熟还很远，不过，他已经不悲哀了，因为他知道，那或许就正是他，正因为他不够圆融、通透、精明，他才成为那个细腻多情的他，正因为不够成熟，他才始终保有一颗真诚纯粹的赤子之心。

而他，依然会被女生们说单纯不成熟，但这又有什么关系？她们愿意和他待在一起，这就够了！

我的心略大于这个世界

　　我喜欢那种自由的心，那些置自己的生死于事外，闲云野鹤，真正爱好自由与灵性的心，这样的心才是广阔的。

很多人喜欢开班授课，收弟子，我也经常四处讲课，传授智慧，但我不打算招收徒弟，因为招收徒弟这种事情，有时候是把双刃剑。

喜欢收徒的人，年轻时大都拜过师。而我是个没拜过老师的人。我读的是师范学院，我的大学老师中没有名流，也没有了不起的教授。我的写作老师也都是平凡之人。我所有关于文学的领悟都是来自我自己的阅读，悟道。

我身边没有文艺青年，有我也不爱和他们交往。我也很少和作家交往，不管是传统意义上的作家，还是写手，最多就是点头之交，泛泛而谈。我从来不加入任何协会、组织、俱乐部。任何人都别想吸纳我进去，然后用一个规则捆绑我，束缚我。

我喜欢打乱圈子，有人拉我进某个群，我基本不会反对。但我不会按那个群的要求修改名字、身份，或者发什么言论。我没时间，从不群聊。我自由，想做什么就去做，如果你觉得不顺眼，最好把我踢出去。我自己创办了很多QQ群，微信群，不过我都没管理，我也不在里面发东西，别人在里面谈情说爱，或者拉帮结派，谈生意吹牛，都随便，仿佛那个群和我没关系。我这样的心态，与那些将群看成自己的王国，死死守候的人比，简直豪放得过了头。

不管任何行业，我觉得老师总是狭隘的。当一个人成为老师，陷入老师的固定思维，他难免不被自己固化。而如果那个老师自以为是，自吹自擂，有一些鄙俗的思想，你跟了他，你就完蛋了。

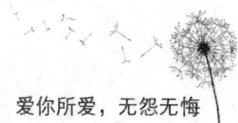

怎样评判一个老师是否庸俗呢？庸俗不一定就是我们常说的那样，对某种事物的看法比较恶劣，低俗，不是想法肮脏，或者低级趣味，其实庸俗还有一层意思，就是心小，只关注自己的利益。当一个人唯利是图，沽名钓誉，他就会只关注自己的心，这样他的心只会围绕着地位和利益而转动，这样的心就会陷入悲伤、恐惧，以及为了解决忧伤、恐惧而费尽心思，绞尽脑汁，想尽各种办法，心力交瘁，这样的心便是庸俗的心。拥有一颗庸俗的心，人早晚要破碎。

相反，我喜欢那种自由的心，那些置自己的生死于事外，闲云野鹤，真正爱好自由与灵性的心，这样的心才是广阔的。拥有这样的心就会关注人类更广大的痛苦，心念苍生，达济天下。就算不能这样上进积极，那也在自己的世界里，怡然自得，关注自然，知识，智慧，沉浸在灵性的世界，不被世俗的功名利禄困扰，这样的心才是自由无拘的。

如果一个老师不庸俗，那该是多么大的幸运。只可惜，我们生活中到处都是庸俗的老师。老师自己郁闷，狭隘，自私，深陷在自己的疲惫与烦扰里，我们怎样才能从他身上获得一种高贵与优雅？怎样才能在他身上获得我们生长的灵魂之光呢？所以，我们只能投靠自己，依靠自己，当我们自己摆脱了狭隘，我们才真正地获得自由。

我记得，我高中时喜欢一个老师，他挺有文采，但也清高自负，总是自夸，有不少人是不喜欢他的。他朗读

过我的文章，平时我们聊的话题也比较多，但是，有件事改变了我们的交往。大约是高三，模拟考试，考完后老师讲解试卷，是在早自习，他每讲到一题，便会让学生站起来说自己的答案，然后分析对错，轮到某个学生，那学生说自己没带试卷，他便大发雷霆，小题大做，说自己多辛苦，平时多关注你，你居然连试卷都没带，时间在无声地流淌，一秒一分，教室里无比沉静，没人敢发出任何声响，我看时间过了很久，有点替他着急，也替他惋惜。

我的处事方式是：如果那个人领情，对他倾注再多都无所谓，但如果对方不领情，何苦跟他讲那么多。于是，我在非常替他难过不值的时候，心里说了一句话，他不爱学就拉倒，管他那么多干吗？这话可能不小心说出了口，非常小，几乎都听不清楚，但是，老师忽然发话了，"你说什么？你刚才说什么？"他以为我在嘀咕他。天地良心，我完全是为他好，但他却觉得我在针对他。也许他被刚才的愤怒击溃了心，正找不到出口。此时，逮到我，便找到了发泄的机会。于是，朝我发火，又说了一通言辞激烈的话。我申辩了一下，他不能理解，我便作罢。不管他了。然后，我埋着头，听他在那宣泄愤怒。

这之后，他不再搭理我。上课不再提问我。下次再对试卷，从第一排第一个人问起，挨着一个一个问，但到我这里，总会跳过，从下一位开始。我心里非常憋屈，但也没有办法。但好在我语文好，有没有老师都无所谓，所以不管怎样被冷落，我的语文成绩依然名列前茅。就这样，

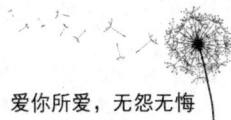

我结束了高中生活，自然而然，也就告别了高中老师，没有刻意的道别，也没有单独的机会说再见，应该是不知不觉中失去了联系吧。

后来听回母校当老师的同学说，他后来去了合肥一所中学，想离开县一中，但最后又回来了，还和校长吵架，成为被批判对象，颜面尽失。

另一个老师是我大学的辅导员。她刚毕业，人比较斯文含蓄一点，属于气质型的。我挺欣赏她的。我真的会比其他人更欣赏她，因为我是文学青年，对一个刚毕业的比我大几岁的姐姐型的老师，我会在她身上投注较多的浪漫想法。比如她大学里是否谈过恋爱，她对我们这些人都是怎么看的？我将她想成了一个美丽、知性、文学熏陶出来的女子，也许幻想会增加她的魅力，使她在我心里也多了几分神秘的色彩。其实，这种色彩只在我心里有，在其他人心里绝对没有。

我们的关系都还比较好，因为我经常发表文章，她也觉得我是班上的骄傲。她对我总体也还好，我反映过几个问题，她都还算比较照顾。但是班里评奖学金取消我资格的时候，她偏爱班干部的表现令我很失望。这之后，她几乎也就疏远了我。不久，她毁约提前离开学校，去南京考研了——据说她男朋友在那读博士，迟早要去的。临分别的那天，大家和她合影留念，我不知道情况，班长跑到宿舍找我，我赶来了，但是，两人目光对视了一下，并没有说一句话。也许我那时候太过单纯，以为她不想和我说

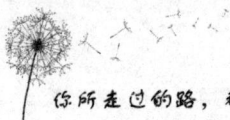

话。也许她等着我和她先说话，但两人都没有让步。于是，那成了我们最后一面。

这两个老师，本都是我非常偏爱的人，我对他们的情感一定超过其他同学，在别人诽谤他们的时候，在别人瞧不起他们或者批评他们的时候，我心里都是偏袒他们的。我虽然尊敬他们，但因为最后种种误解，少年的单纯和较真，不服输的性格，让我和他们分道扬镳。回忆起来，也是无奈的一种。不过，我想，如果当初这两个老师能够博大一些，心胸宽一些，我们的关系也许不会走到这一步。

我自己也当过老师，我的心是宽广的，给了学生无尽的关爱、尊重、理解、平等。我觉得为人师表，所担负的责任重大，人格必须完美，人品必须高尚，这有许多的压力，一言一行，都要做楷模，我觉得太累了，于是，我辞职，去了上海。现在，我成了一个自由作家，写作当然要心胸宽广，视野开豁，要有更高的眼界，更胜人一筹的思维、想法、人生境界，才能写出与众不同的真知灼见。而经过种种挫折的洗礼，我的心灵已经修炼到不会被偏狭所桎。

按理说，我今天可以收徒弟了，但我不爱这么干，我觉得要当人家的老师，必须完善自己，而真当了老师，其实也是限制。我不想被任何人限制，也不想限制任何人，所以我不打算收徒。我从前没拜过师，今后更不会，我也不会收徒弟。这是我维持自由的一个方式。

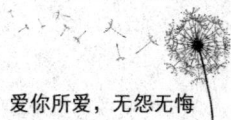

我喜欢任性的你

人生不任性，白活一生！

有个朋友在写微信号，有粉丝打赏，她总会将人家打赏的金额截图，并说，我很感谢你们，任性的土豪。

最后又调情：我喜欢任性的你。

的确，我也喜欢任性的粉丝。像我有些外地粉丝，一辈子也未必能见到我，无法参加我的线下活动，然而看到我们爱情魔法学院的信息，依然会迫不及待地报名。他说，老师，我关注您很久了。或者，我就是喜欢看您写的文字，太棒了，太有正能量了，而且，还深刻，到位，不是假大空，不是心灵鸡汤。这样的读者真的好可爱。

还有个学员，是珠海的一个官员，她邀请我和太太去他们城市玩，一应接待全由她安排，并打了好几个电话，希望我们于某月某日，尽快赶去。我说最近忙，并邀请她来深圳玩，我们全权接待。她说，会去的，但是，按照规矩，学生应该先接待老师。所以，还是我们先去她的城市。这种任性，其实也是一种礼节，一种尊重。

这个任性的学生，现在也是我的朋友。我喜欢这样的她，任性，然而也友善，通情达理，这样的人，是好玩的。

　　她的好玩表现在，有一天，我帮一个企业做策划，做了一款面膜，对方希望我在我的粉丝和会员里找一些代理商。我便在朋友圈发了一下，她看到立即就说，想买一些试用。我让企业给她快递了过去。没几天她说，用着还可以，但可以再改进面膜的长宽比率。她的认真让我汗颜，因为我并没决心做面膜。

　　再有一天，我发了一个会员的图片，菊花茶，和菊花丛中的美女，她看到了，惊为天人，并立即想购买。我让菊花姐姐加了她，没想到她和菊花姐姐一见如故，聊得非常开心，因为两人气质、气场、气息都非常相似，她仿佛看到了另一个自己，她好喜欢菊花姐姐，为此她又特别感谢我，说我给她带来这么好的奇遇。

　　所以，任性的人都会有好生活，好的人生，好的心情。

　　或者你会说，任性需要钱，其实两者没必然关系。我有时候看她的朋友圈（话说我很少看别人的朋友圈，几乎从来不看）——她做的菜，新购的衣物，都很新奇的样子，其实，那菜也未必就是最绿色环保的，我和太太平时肯定都不会那样吃，但看着她开心，我就觉得开心。

　　还有一天，她发了自拍照，试穿朋友寄来的新衣，美丽的旗袍。我的朋友是旗袍女王，有个旗袍馆，所以我对旗袍并不稀奇，但她第一次穿，那种兴奋，当然值得鼓舞，祝贺，所以我也热情地给她点赞。这就是同理之心。你不懂的事，要试着去理解他人；你不明白的事，要理解别人这样做的道理；你不想做的事，要祝福别人这样做的

感受，如果人都有了这样的心思，那就会和谐很多，快乐很多。

　　而且那些面膜、菊花、松茸、家常菜、旗袍，其实花不了几个钱，只是，她有这个任性的性格，任性的思维，任性得好玩可爱。

　　与之相反，我特不喜欢那种人：明明很痛苦，却不寻求解决；即使遇到名师真能帮到他，他却还踌躇，怀疑，不信任，担忧，这样的人能做什么大事呢？如果你想改变命运，那就得交学费；如果你想学技能，那就得拜师（除非你天赋异禀，不需要老师就能悟道）；你想获得某样东西，就必须交换另一种东西，这种东西可以是你的时间、精力、付出，也可以是金钱或物质，想空手套白狼，想不劳而获，其实就是不幸福的根源。没有付出就没有收获，他不幸的原因就是自己从不付出。

　　对于那种想不劳而获、不好玩、不任性的人，我真的只想说一句话，难怪你过得这么凄惨，谁让你这么纠结呢？但是，我又不忍心。我有个朋友是个专栏作家，总是告诉别人，一分钱一分货，你交钱我才给你咨询；而许多做培训的都在签名里写："我也要生活，所以你想咨询我，必须付费！"这样的话我从来说不出。而我另一个朋友，股坛侠女陈霞姐姐则严格执行交学费的准则：不交学费没机会听她的课，即使混进去，她也会把你撵出来。她说，这是尊重自己的价值，也是让他们明白人生。

　　从这个意义上说，宽容不劳而获的人，其实也是对自

己的不负责，所以，真的该对他们严厉点：没有付出，就没有收获，不交学费，就无法学习。所以，那些想幸福的人，不妨任性一点吧。

你为什么不爱那个好人？

> 你没有让她激动，没有心跳，你只是给了她安稳、安慰、安全，而没有给她飞扬的感觉。

很多女人经常会遇到这样的情况，有一个男人，他对你很好，真的很好，他很喜欢你，可是你就是不喜欢他。不是说女人都是感性的动物吗？如果一个人对你很好，你应该会被感动得稀里哗啦，不好意思拒绝，最后稀里糊涂地接受他，以身相许吧？

但是，你偏不。

我有个朋友，苦追了一个女人十二年，但那个女人就是没答应他。究其原因，其实，是因为那个朋友没有让那个女人心动。我们经常会听到一些女人说，我一点都不爱他，是他当初死缠烂打，所以我无可奈何，招架不住，最后就接受了他，缴械投降。但如果真的没有一点感觉，对方怎么死缠烂打也无济于事吧？如果不爱对方，他怎么追你都不会理吧，你可以让他走开，可以甩他耳光，也可以

报警，但你都没有做，说明你还是喜欢他的。只是，那种喜欢，可能你自己都不知道。

比如，你从小喜欢白马王子，喜欢那种文质彬彬、儒雅的男人，可是偏偏有个吊儿郎当、坏坏的男生，样子痞痞的，他闯进了你的生命，你觉得你一辈子都不可能爱这个人，你命里没有这个人，你受的教育里不接纳这个人。可是，你确实又被他吸引了，这就是女人的不自知，或者不够明白。原来，你也是喜欢坏男人的啊。

还有个说法，说是女人是一种很奇怪的物种，她们可以将感动当成爱，比如，当一个男人对自己特别好的时候，这个女人就会将这种好转化成爱，然后接受对方。这种情况以前也比较多见，但现在似乎少了。现在80后、90后的女生，大都要找一个让自己心跳加速的男人，以前的女人没有心动也可以，只要感动，安全，安稳，现在的女人则要的是刺激，快乐，要的是心动的感觉。

比如，最近有个学生跑来向我倾诉，他喜欢一个女生，那个女生喜欢别人，他做了备胎。当女人受伤的时候，会回来找他，向他索取温暖的怀抱，为她疗伤，伤愈之后，她会再次出发，去找别的男人。学生想不通，其实我明白。我告诉他，你没有让她激动，没有让她心跳，你只是给了她安稳、安慰、安全，而没有给她飞扬的感觉，没有让她产生心跳到快要飞出胸腔的感觉，也就无法让她舍弃一切，舍身相爱。一句话，你没有强烈地吸引到她，甚至没有吸引。

　　他给我的感觉是，缺乏一种男人的气质，一种大无畏的气概、气魄，所向披靡的精神。我有一个理论，男人一定要牛逼，要么牛逼哄哄，要么深情款款，两者兼具其一，都应该会很受欢迎。但是他深情的部分也没发挥好，因为深情不是情绪垃圾桶，不是流浪狗收容所，不是她来了就给她一个肩膀，而是要有自己的主见、品位、风趣、浪漫、风范。而他无论从外型到内心，其实都需要增强，修炼，让自己成为一个牛逼的人，一个强大的人，这样才能既让她有安全感，又有心跳、激动的感觉，她应该就会选择你了。

　　他还给我看了那个女生的朋友圈，写的一些文字，转发的一些文章，都可以看出这个女生内心的想法，与我的判断并无二致。比如，女生转发范冰冰和李晨的爱情，人们都觉得范冰冰是一心扑在事业上的女强人，可是她在李晨的肩膀上不是一样像个小女人，这就是李晨的强大；又说，人家都说女人拜金，宁愿坐在宝马车里哭，也不要坐在自行车上笑，她觉得不是这样的。她觉得问题的症结是你骑了一辆破自行车，还让她哭，这就是关键，她不爱你的关键。

　　其实，坐在破自行车上哭说明你们还爱过，在一起过，问题是，许多时候，你可能连这个机会都没有，如果你不能让她笑、不能让她开怀的话。

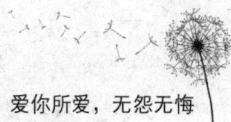

女孩！恃宠而骄是多么可怕的事！

> 但这世界上没有一劳永逸，一首歌，一部电影，一招鲜吃遍天，往往难以拥有长久的生命力。

我感觉我遇到了一种状态，恃宠而骄。我觉得这是一种非常可怕的心态，我及时地意识到了，及时刹车还来得及。

也许是因为我受到的邀请太多了，有时候我难免挑剔。比如，那些说一起合作，赚了钱大家一起分的，我往往就会拒绝人家。我觉得他们应该直接请我，支付我讲课费、劳务费、出场费，而不是那种共同做事，然后分利。我觉得那不适合我。但是，当我这么表达的时候，人家会觉得我傲慢。

再比如，我觉得自己讲课好，可是我喜欢脱口秀，只喜欢一个人讲，很少按别人的要求讲。有一次，对方让我按他们的要求和规范讲，我就不乐意。其实我也答应了，只是讲的时候又按自己的习惯讲了。结果对方觉得太高雅，和他们的屌丝受众不契合。我不认为自己有要改的地方。我觉得我就是阳春白雪，就是天生高雅，屌丝那一套我不会啊。

他们让我讲讲我人生中最灰暗的时候，我孤单的时候，我怎么忧伤，怎么追女孩子的，这些我不会讲。他们要那种夸张的，有戏剧效果的，前后对比鲜明的故事。比如你当年多么孤单，如今成为专家，这中间的秘诀是什么？对比起来才有说服力。可是我就是想讲我自己的研究。我更多的是传道，可是他们要"术"，我早不屑讲述了。

因此，我就让人家觉得孤高了。曲高和寡。所以有时候我也显得孤单。我会想，要是我接点地气就好了，但奈何骨子里就涌动着一种精英意识，想要超凡脱俗，想要大气，俗气的东西，我讲不好。也许我应该爆几个黄段子，也许我应该用大白话，这样他们才能听得懂。

我有个朋友是清华大学的教授，水平很高，可是给某培训机构讲课的时候，居然没人买账。换一个人，水平中等，俗得不能再俗，上课的时候尽说一些"猪"啊，"屁"啊的粗俗字眼，但企业家就是待见他，爱听他的课。可见，庸俗、通俗的东西向来有广大的市场，而阳春白雪只能属于小众。

那么，我是要小众还是要大众？

当然是大众。所以我要改变，要贴近生活一些，了解大众一些，用大家喜闻乐见的语言讲课，不要文绉绉地故作高深。不要讲太书卷气的东西，就讲普通的案例，生活中的案例，这样他们就会觉得我接地气了。

前段时间看一个节目，一对双胞胎姐妹，早年红得一塌糊涂，后来任性，恃宠而骄，失去了很多机会。大约人年少成名总是这样，觉得不可一世，全世界就我最牛，完全不把别人放在眼里，这样下去，你再牛也难有人请你。

而我们经常看一些名人访谈节目，也会有这样的实例。某个明星一炮而红，名满天下，但是，他立马骄傲了，任性了，不继续修炼了，对别人也傲慢了，觉得自己可以一红到底。但这世界上没有一劳永逸，一首歌，一部电影，一招鲜吃遍天，往往难以拥有长久的生命力。尤其搞文艺的人，更应该警醒，市场很残酷，粉丝很薄情。你今朝不能提供新鲜有趣的东西，他明天就喜欢别人。就如小鲜肉一波一波换，而王思聪一夜就被宁泽涛取代，这都是不容忽视的现实。

所以，最牛的往往是这样的人：他们在最红的时候依然能抵制诱惑，拒绝骄傲；在最红的时候依然能坚持学习，不断修炼。在上升阶段努力去学习，等到低潮到来时就晚了。这是我一生都要谨记的教诲。

第五章

每一个幽暗瞬间
都蕴藏惊人能量

任性的人才能走得远

任性与人性，有时候是冲突的。

有个朋友做企业，业余也做文化。她开了一家餐厅，还有红酒会所，她说有人问她"你的餐厅地址在哪里？"她都不回答。

她觉得如果你觉得我餐厅好，吸引你了，你应该直接去查清地址，比如百度。她的理由是，我做出这么好的产品，你应该来贴近我，来求我，而不是我求你。我不服务你，我只引导你。她如此任性。

说实话，我也欣赏她的这种任性，而我自己却做不到。

我做活动的时候，经常遇到读者问这样的问题，"老师，您的讲座是哪一天？""老师，您的沙龙在什么地方？"我可是将时间地址早发到网络和微信上了，朋友圈、公众平台到处都有，他们应该也是看了信息才知道我有活动的，为什么不记下信息呢？还有，有时候我明明写

的是活动收费，但他们还是会问收不收费。接到这样的询问，我第一感觉是，怎么都不看清楚呢？如果不够仔细，也可能代表不够专业，那这样不细心的人，能做什么呢？

不过，虽然我这么想，虽然我觉得浪费时间，我还是会告诉他们具体信息——将具体时间地址、详细内容发给他们；其实，我也想像那个朋友一样任性。但许多时候，我又带有许多人性。任性与人性，有时候是冲突的。

比如，陈保才知己会，我制定的游戏规则是每个月涨一次会费。但有些学生说入会，可能两三个月都没交会费，等第四第五个月的时候，他们说，老师，我是否可以按之前的标准入会。说实话，是不可以的。但他们会跟我说，老师，我跟你说了好多遍，当时怎么忙怎么忙，当时家里有事，耽搁了，所以还是按原来的价格吧。我说不可以，规则是这样的，游戏玩法是这样的，但他们还是会套近乎，这个时候，我就有点心软了，不想驳人家的面子，不想让人家失望，但游戏规则怎么办？

一个人要想成功，多半都要任性，制定自己的游戏规则，这是我最新的体会。而且，只有自己制定规则，才有话语权，主动权，所以，我非常不情愿打破游戏规则，但我好说话的性格常常破坏了这种规则。

所以，任性，有时候跟人性是相冲突的，你任性到底，可能就无法太人性了。比如乔布斯，他向来专断独行，任性彻底，可能显得不够温和，不够人性，但从另一方面，又是更高一层的人性：人性有时候也是冷酷的，独

断的，甚至是冷漠的，你将它固定下来，就是你的游戏玩法，就是规则，甚至是制度，你要任性到底，别人就会更尊重你。这就是任性与人性的辩证关系。

所以，在未来的日子，我希望自己能更任性一些。

当你足够爱自己的时候，你就是最好的自己

——当我们羡慕别人时，我们在羡慕什么？

王朔曾经写过一篇小文章，当我们羡慕别人时，我们在羡慕什么？

那是一个故事，一个叫保罗的人，什么都好，精致，帅气，幽默，性感，不浮夸，性格好，惹人爱。时刻保持镇静，时刻温柔以待，让人遐想，对谁都好，谁都爱他，不缺钱，不缺爱，想要什么有什么，这样的保罗让人羡慕，每一条都让人艳羡不已，何况是他什么都具备，那不是更让人羡慕死？可是，这样的一个保罗，最后自杀了——用枪打爆了自己的头。

我疑心这个故事是虚构的。因为没有人这么完美，谁能有这么好呢？你见过这样的人吗？

但是，生活中，我们却总觉得别人什么都好，什么都棒，什么都顺利，什么都让人爱慕，我们羡慕别人的生

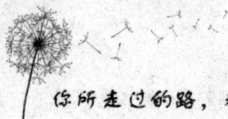

活，不知道，别人没准也在羡慕我们，但是，要明白这一点，估计要到很多年以后。

比如，我小时候上学晚，六岁的时候，有伙伴上学了，我说要上学，爸妈说，明年吧，于是我等到七岁，可是七岁了我依然没上学，爸妈说再等一年吧，这样我到了八岁，这其实已经晚了。我羡慕上学早的伙伴，觉得他们抢得先机，但他们未必珍惜，而我会发奋努力，力争赶上，于是，我跳级，很快赶上了。

上高中的时候，我羡慕过一个男生，他喜欢我心仪的那个女生，他在理科班，经常来我们班找那个女生。有一次课间，我看见他给那个女生讲解数学，就非常羡慕，甚至有点自卑。惭愧自己数学不够好，否则也亲自给她讲数学了。而且，那个男生比我高大，帅气。很多年后，我听那个女生说，他当时确实喜欢她，但她并未答应他，而且，她有许多追求者，她都拒绝了，只和一个高年级男生短暂地恋爱过，蜻蜓点水般，淡到后来都认不出彼此。

这样的结果让我讶异，2008年我还羡慕他，觉得自己的高中清淡如水。她后来嫁了一个大学同学，之后分开。我们聊天的时候，她告诉我，当年那个帮她讲数学的帅哥，如今在某县城做公务员，没有孩子。她说，虽然自己现在一人分饰两角，但有个孩子总是好过没有孩子。那一刻，我忽然对那个男生生出了同情。人生各有境遇，每个人都会遇到自己的劫难，困境，当你看着别人的生活完美无比的时候，没准别人也在暗夜哭泣。正如张爱玲所

说，生命是一袭华美的袍，爬满了虱子。

　　我曾经强烈地羡慕过那些长得很帅的人。在我看来，只要够帅，就足以吸引女性的目光，因为女性大多喜欢帅哥，帅气的人更容易让她们产生心动的感觉。但是现在，我一点都不羡慕那些帅哥了，因为我知道，一个男人最终拼的是才华和毅力，是能力和能量。在一个强大的男人面前，帅，一点用都没有。而且，我见过许多长得帅而没用的人，过得糟糕的人。这种情况在我成为情感专家后，看得更透。因为我认识很多很帅但没有女朋友的人，他们没有很好的方法，智慧、情商不高，或者实力不够，过得很一般，帅气的外表也没帮上他。

　　而且，我想起陈坤曾经写过，一个贫穷而帅气的男人在这个世界上会遭遇什么？其实，这个标题也许可以改为：一个贫穷而丑陋的男人在这个世界上会遇到什么。我想，贫穷而帅气，帅气多少会有一定的帮助，但贫穷而丑陋，遭遇的困境一定会更多。但是，绝望深处便是希望，那种深刻的无望一定会激发更多的斗志。所以，伟大的人物多半有着贫穷的出身。

　　就如成功，我丝毫不羡慕那些已经大红大紫的人，我知道，我终有一天会收获属于自己的掌声。因为我已经摆脱了宿命论，也不相信什么潜规则。如果说成功是六分运气三分才华，一分贵人相助，那我可以通过自己的情商、自己的策划、自己的人脉，让所有关系都打通，所有阻碍都消除，那个时候，我会到达我的高峰。

所以，与其羡慕，不如奋斗。

再说，上天是公平的，赐予你一样财富，必定会剥夺另一项智慧。因此，没有人的人生是完美无缺的。与其羡慕别人，不如做好自己。当你足够爱自己的时候，你就是最好的自己！

我们所发的善，最终都会回到我们身上

终身传递正能量，人生一定不一样！

一、只要内心还保有一丝柔软

我有个会员群，他们向我学习婚姻情感智慧，我经常会分享一些我的文章，或者我认为好的文章给他们，有一天分享了一个小故事，说有个盲人搭计程车，下车时，计价器显示 11.4 元。司机将老盲人扶至小区门口，交给保安，并说：我不收你钱，只因为我挣钱比你容易。

看到这一幕的大叔走上车，一路攀谈，下车时，计价器上显示 14.5 元，大叔下车时却给了 30 元，并说，"这钱还有刚才那位盲人的，我也不伟大，但挣钱比你也容易点，就希望你能继续做好事！"

故事很短，但有位会员看了后非常感动，她说想起了

几天前和朋友的聊天记录。我看了她发来的聊天记录，原来这几天她在马尼拉探亲，看到街上有很多乞讨的人，她总是给他们零钱，一个朋友说，这里有许多人，你要给永远都给不完。她说，"见一回难过一回，我也知道很多人来马尼拉是为了乞讨，但是看到一个两岁的娃，看起来只有三四个月的孩子般大小，怎样都心疼，也很无奈啊！"

朋友说，"你的心会碎的，如果你住得久，然后再修复，最终成为冷漠、无情的人！有时候，我都怀疑，我们还有没有'心'？"她回答说，"待久了，也许会冷漠些，无情一些，但是，我还是会给一些，哪怕我知道他们是有些懒惰，耍一些技巧骗人，哪怕我不喜欢他们这样，我还是不能无动于衷，因为我总想：我们的条件要比他们好些，做些力所能及的吧。"

她的这些话触动了我，我们开始就这个话题展开对话。接着，她发来了她拍摄的三张照片，其中两张是两个十岁左右的帅气男孩子，混血，在马尼拉的街头站着，旁边是一个妇女，怀里抱着一个孩子。

她说，当时老大和老二（她的两个孩子）坚持帮助乞讨的妈妈。她说都没人给他们钱，自己也想走。但两个孩子非常坚持，放弃了去听歌，站在那里，帮那个妈妈讨了好些钱。

她被孩子的善良打动了，而我被她打动了。如果不是她有这样的良善，她的孩子怎么会这么柔软？如果不是她平时的言传身教，那孩子怎会有如此的潜移默化的善良、

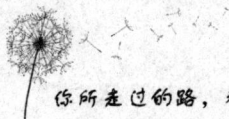

温柔？生活中的她也是这样一个温柔温暖的女人，她有一个法国爱人，生活在菲律宾，而她在中国照顾四个小孩，并不容易，但她总是尽力帮助别人，这样的她是幸福的。虽辛苦，但欣慰，虽劳累，但快乐。

有时候，这种善并不仅是给点钱这么简单，也包括对人思想的感化。我那个群里有许多单身人士，有时候我太忙，不能及时回复他们的问题，不能全部解答他们的情感、心灵困惑，这个学员也会帮我分担一些，她在群里和很多人都成了好朋友，给大家鼓舞，期盼大家都幸福，这是另一种意义上的善。

二、不管他知不知道

歌妮的单位很远，她未开车前经常坐地铁上班，走出地铁站，到单位，要走十几分钟。早上时间紧迫，她常常顾不得吃早饭，到了单位，有一个要好的同事会帮她从饭堂打饭，这样她的早餐便解决了。

晚上下班，时间充裕一点，但也要避开晚高峰。因此，下班一刻不能耽误。5点下班走到地铁站，赶11分或17分的地铁回家。要是晚了一点，再转一号线，地铁上就好多人，连站的地方都没有，甚至经常挤不上去。歌妮不喜欢挤地铁，所以总是非常准时地出现在地铁站。

有时候，我外出办事，办完事在地铁站等她，要是我晚到了一些，错过了一班车，她都会嗔怪我，因为要再等漫长的6分钟。还要遇上晚高峰，真不好玩。

　　但是，有一件事，歌妮雷打不动，那就是每天路过地铁站出口不远处的乞讨人身边，她总会丢下一枚硬币。某天，她急匆匆地走过，到了地铁口才发现忘记给了，便赶紧回头。我说，下次吧，要不又赶不上地铁了。她说没事，晚了就晚了，赶紧嘟嘟地跑过去，放下一枚硬币，再跑回来。这样，我们携手下电梯。

　　我说，你不是每天都给吗？这一次不给也没什么吧。她说必须给。这样他就会觉得好受一些，觉得这社会上的好人多一些。我说，你再给他也不认识你，给过没给过，他也不记得。她说，我并不需要他记得，我只知道，我要这样做。

　　"我做我的，不是给别人看的，也不是给谁记得的。"她补充说。

　　我无言以对。相比之下，我的心现在没有她的柔软。

　　我想起以前在田面上班的时候，每天路过天桥，总看到一个老人。我总是会给一些硬币。有一天一个美女同事看到了，说我别被骗了，现在很多乞讨的人都有专业组织，被利用行骗。"说不定他们下了班，比我们还富有。"我想好吧，那我就不给钱了，给点水果吧。

　　于是，每天上班，我都会买些小橘子、苹果，下午上班的时候，自己吃一个，下班路过天桥的时候，就给他一个。其实，那时我的收入并不高，还要省点寄给家里的父母，去掉房租、水电、吃饭各类开销，其实每个月也都是月光族，但我想，买一些水果也花不了多少钱，于是就坚

持了下来。

这样的日子持续了大半年，直到我后来离开那家网站，很少路过那座天桥。

现在，我做自由职业，有时候在家写作，有时候出门。每次出门都是行色匆匆，步履匆忙，因此会忽略掉路边的乞讨者。但是，只要我慢下来，只要还有时间，我都会走过去，放下一枚硬币。尤其是老人和小孩，看到他们，我就想，如果我老了，老无所依，那该是多凄凉，于是，就一定要给。

所以，给，不是为了别人，还是为了自己，让自己更好受，让自己不会不原谅自己；给，不仅帮人，也度己。

三、黑暗中最亮的光

看潘向黎的文章，她说，黑夜里去街上散步，回来的时候，有个卖花的老太太问她："小姐，要花吗？"她看了看那花，只剩下最后几枝白兰花，憔悴得不成样子，可是，她还是买下了。她说：

"我统统买了，希望她能和我一样回家。"

看到这个细节我心里一动，温暖的感觉刹那袭上心头，我想，我喜欢潘向黎是对的，一直尊崇她也是对的，因为，她的作品跟她的人品一样，都是那么的美好而良善，是温润的，让人欣喜并且热爱。

这是我所尊崇的女作家的类型。而且，她的这个行动，让我想起了另外一个关于上海的细节。

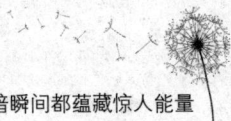

　　那是 2004 年，我在上海，大概是去长宁区找工作吧，回来的时候，我路过华东师范大学，去看了一下同学。再转车回来，很晚了，大概是七点左右，坐的是轻轨，从金沙江路上车，到延安西路那里下车。出了轻轨，到了桥的下面，有两个出口，可是我并不确切知道哪个出口是对的。结果，我是打算从左边出，然后，当我听到暗夜里一个弹唱的琴声的时候，我忽然意识到，也许我从右边出去是离家更近的，于是，我就往右边拐，这个时候，一个年轻人——大概二十二三岁的小伙子，从后面走了上来，他在这艺人所在的地方停了那么一下，丢下几枚硬币，然后朝左边走去了。

　　我一时很惊诧，也很感动，我觉得，在这个地方，这么个时候，他完全可以直接走过，完全可以不理会这黑暗中的艺人，但是，他却特意拐了一下，给了钱之后才走出去。这一切都是发生在很安静的氛围里，没人注意，没人记录，他完全是为着自己，很自然地投下了那几枚硬币。

　　这，就做得比我好。

　　这个镜头都过去好几年了，可我一直都忘不掉，一直记得，有时候我觉得它是那么好，那么强烈地存在着。它告诉我，这就像是一个黑暗中的光，萤火，或者说是暗夜里的花，最鲜最亮，是暗夜里最亮的那一抹弧线，那么照着，跟着我，随着我，直到现在，直到很远，很久。

　　来深圳后，我依然思念着上海，依然想，我的路要怎样走，我要有所成就。然而，命运似乎总没有太大转变。

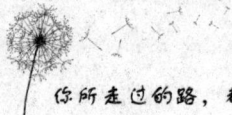

许多时候，我在下班的时候会想，我几乎是拼了全力的，但是，前途依然渺茫，孤独，焦虑与苦闷追逐着我，梦想和爱情的苦痛煎熬着我，折磨着我。我想我是看不到希望的。我这心力交瘁的——憔悴到极点的人，我实在应该回家了，还待在这寂寞的城市干吗？

然而我上了天桥，看着那些黄昏中乞讨的人群，那些不能够生活的老人、孩童，我就会非常悲凉，难过，非常同情，这个时候，我就会弯腰给他们一点硬币，或者，我也会留下一个橘子，一个橙子，我想，这于他们，也是我仅能做的了。

我似乎觉到一点幸福，一点安慰，觉得我还是可以帮助别人的，我还能做这样的事情呢，再接着，我就裹紧了我那单薄的衣衫，继续朝前走去。

四、不要欺骗别人的善

我同学 F，有一天在街上买橘子。其实，他本可以去超市买的，但他路过那个小街，卖橘子的老人家就说，买点橘子吧。他忍不住，看着那眼神，就想起老家的父亲，那同是农民的辛劳，那饱经沧桑的脸，那岁月吹不平的皱纹深壑都在昭示生活的不易，所以，他必须照顾他。

于是，他掏出钱，买了十块钱的橘子。老人家说没有散钱，给你一张五十的吧。然后，他找给他一把钱。他看也没看，就回了。到家才发现，那五十是假的，其他几张十元纸币也是假的。他非常生气，那一个晚上

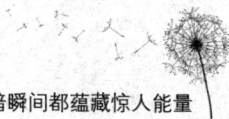

都心情不好。

他说，我不是心疼钱，而是他对我的欺骗。他想回去看看那个老人，质问他为什么要这样。走回去后，那老人已经不在了。

也许，老人觉得自己得逞了。但其实，他失陷了。他利用了我同学对他的善良，这份本来属于中国农民的良善在他的身上消失了，下次，他再吆喝，再说，买点橘子吧，不管眼神多凄凉，皱纹多深，声音多苍老，F也不会信了。

F很善良。我们一起住的时候，我经常被他的善良感动，但是，他也跟我说，会感到善良被辜负后的无助、无奈和伤心。当善良这样被辜负，一次两次，他就有点怕了，不敢行善了。

我跟他讲，我也一样，那些年，总会从路边的小贩手里买水果，尤其是看到挑担卖桃子、莲蓬的，总觉得人家不容易，就会买。其实，他们的水果多半不够好，还缺斤少两。

我不断地反省自己，下次碰到，还是会忍不住买。或许，这就是我骨子里的小农意识吧，带一辈子，摈除不了。现在想来，去超市买东西，不仅省心，还能得到更好的服务，挺好的。但我觉得那缺少人情味。何况，我还觉得这样挑担走街串巷是一种浪漫，一种小农主义的生活。从农村出来的我，当然要照顾他们。只是，我们也要保护好自己，不要被人骗，不要让自己伤心。

要照顾好自己的心，让自己保持对世界的信任与热

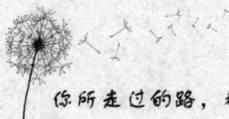

爱，有能力的话，积极乐观行点善，没能力也不勉强，至少，自己不会难过。这是我对行善的根本态度。

五、我们所发的善，最终都会回到我们身上

如果你行善，你可能会被欺骗，但如果不行善，你可能会失去别人帮你的机会。从某种意义上说，行善这种事，是一种爱的循环，总有一天，我们所行的善，会回到我们身上。

我看到一个故事，说是美国得克萨斯州的一个风雪交加的夜晚，一位名叫克雷斯的年轻人因为汽车抛锚被困在郊外。正当他焦虑万分的时候，一个骑马的男子走过来，他见此情景，二话没说，就用自己的马将克雷斯的车拉到了镇上。

事后，当克雷斯感激地拿出钱对他表示感谢时，骑马人说："这不需要回报，但我要你给我一个承诺，当别人有困难的时候，你也要尽力帮助他人。"

在接下来的日子，克雷斯帮助了许多人，并且总是告诉别人，他不需要回报，只需要你给他一个承诺，当别人有困难的时候帮助别人。

就这样，又过了许多年。有一天，得克萨斯州发大水，克雷斯被困在一个洪水中的孤岛上，生命危在旦夕，此时，一个勇敢的少年冒着被洪水卷走的危险救了他。他感谢少年的时候，少年竟也说了那句话："这不需要回报，但我要你给我一个承诺……当别人有困难时，你也要

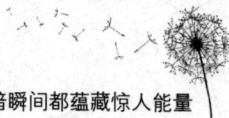

尽力帮助别人！"

这话克雷斯其实说过无数次，但这一次，他觉得分外不同。他忍不住震颤，心中一热，眼眶涌出滚烫的泪水。"原来，我串起的这根关于爱的链条周转了无数的人，最后经过少年又还给了我，我一生做的这些好事，全都是为我自己做的！既帮助了别人，也帮助了自己。"

这故事与我第二个故事的结尾遥相呼应。不管中国人还是外国人，不管来自什么地方，处于什么样的生活状态，我们都需要别人帮助。而帮助别人，正是在帮助自己，因为有一天，你帮助过的人，他的热心传递，感动更多人，助人的人更多，这样，他们就有更大的可能帮你。

我们所发的善，最终都会回到我们身上，这是所有热心帮忙、积极行善的人都愿意相信的事。

每一个黑暗的瞬间都潜藏惊人能量

我们每个人都有惊人的才华，惊天的力量，
只是，它有时候可能被埋没了，被扼杀了。

2002年冬天，我和同学C去《铜陵日报》参加考试。铜陵是一个南方小城，离我的家乡阜阳有七八百里路，我们从阜阳坐汽车到合肥，再从合肥转汽车到铜陵。

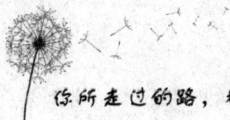

我和同学都想进报社。师范学院毕业的很多人都当了老师，可我们不想当老师，确切地说，我最不想当老师，因为我大学四年发表了上千篇文章，我想做记者。那年代，记者还算不错的职业，媒体人依然有耀眼的光环。再说，我小学五年级发表文章，一直梦想当个作家，那先从记者开始，也是顺理成章。

大学四年，我一直没离开过阜阳，连方圆二百里都没去过，我家在颍上的一个镇，放假我就回家，帮父母干农活，看书写作，投稿；开心的是我不做家教，所有的时间都用来写稿。大四那年，为找工作我才去过合肥、芜湖。参加过两三次招聘会，无疾而终。很奇怪，那一届中文系，我文学水平最高，发表的文章最多，名气最大，找工作却并不顺利。这也许是因为我骨子里的作家气质，但更多的原因或许是我太诚实。我告诉那些想和我签约的校长，我是准备考研的，我最多只在学校待两年。这样就把人家吓跑了，我就无法获得工作机会。

有一次不知道从哪里看到的消息，《铜陵日报》招聘记者，我就报名了。我同学C也去。路上，我很忧伤，我对铜陵一点都不了解，人生地不熟。关键是我对社会不了解。四年来，我一直泡在图书馆里，阅读写作，不与人来往，和同学间都感觉格格不入，何况处理社会上遇到的复杂的问题。我想象自己成了一个记者，记者都圆融通透，要和很多人打交道，这会不会失去我的初心呢？

那年代不流行"初心"这个词，甚至没有这个词。我

想保留我的质朴，于是我非常忧伤。一路上，我跟 C 说我的梦想，我的恐惧。那时候，我真的恐惧，不知道怎么和这个社会接触，C 总是用各种方法鼓励我。

到了铜陵，C 去找一个师兄，住他那儿。我找了个小旅馆，只有五六平米，类似地下室。第二天，参加报社的笔试。笔试结束，每人写一个新闻稿，我去街上逛了逛，当时刚下过雪，路面很滑，铜陵的路又不平坦，很多人滑倒，我就写了这个新闻。我从没学过新闻，就按自己的感觉写了。十多天后，报社给我打电话，说我考得不错，让我去面试。

大年初九，许多人还在过年，我却踏上了去铜陵的旅程。没有路费，问大哥拿了几百块钱，转车，很是辛苦。到了之后，立马体检。晚上睡报社的会议室里。报社的负责人给了一床被子，开了空调。第二天，体检完毕，我回到阜阳。鹅毛大雪，冰天雪地，在从合肥回阜阳的大巴上，我借了一个手机给爸爸打电话，告诉他我八点多到阜阳，让他放心。

但是，十多天后，我并没接到报社的电话。打电话过去，对方说了抱歉的话，我追问原因，对方停顿了一下，最后说，可能觉得你性格比较内向吧。那一刻，我的心忽然冷到冰点，零下 100 度也有，眼前漆黑，仿佛死了过去。

当初去考试的有安徽大学、安徽师范大学毕业生和社会人士上百人，我是三个体检的人之一，也就是说，我应该考试是在前三名，但是，现在人家却说我性格内向，不

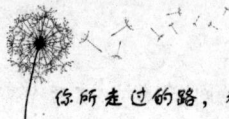

予录取。

于是，我只好继续找工作。

2003年开学，我就严阵以待，但是，求职并不顺利。平时吊儿郎当的人，这时候都有了着落，连那些平时我觉得很不像样的人，此刻也都有了安排，但是我，这个发表了上千篇文章的人，却没有工作，这真让人失望。

于是，我又开始四处奔波，这时候我不再挑剔了，老师，报社，文案，什么工作都可以，但是，依然没有着落。有一次在合肥，我参加了一个教师招聘会，结束后看到报上《安徽青年报》招聘记者，我带着作品，毛遂自荐，找到主编，问他们是否招人，主编说我没工作经验，他们需要有工作经验的，我就回来了。

有一次，合肥一个郊区中学招人，让我去讲课，我去了，结果也没影儿。另一次，我刚回到阜阳，合肥百货大楼让我去面试，我没去，因为心力交瘁。到了六月，马上毕业，招聘会也办得差不多了。六月底全省最后一次招聘会在芜湖举行，我去了，亳州幼儿师范学校的校长看了我的简历，当即要跟我签约，我本不想签，但到了最后关头，不想再奔波了，就当场签约。

七月，离开大学，我去了宁波北仑，帮哥哥和姐姐看小孩。抽空往北仑的小书店跑，连找个兼职都不知道怎么开始。到了八月底，学校要开学了，我却不肯回亳州报到，还是学校打电话给我，我才不情愿地去了。

在那工作八个月，我就想逃了，因为我心里有一团

火，我很不甘心。凭什么别人都在大城市，凭什么别人可以进报社，我为什么要窝在这小城，我不认输。于是继续给合肥的报社发简历，还去合肥参加了一次《安徽日报》的招考，结果人家说我没提前递交资料，不让我考试。我伤心失望。

那一夜，住在C宿舍里。C也是快毕业了都没着落，但我后来看学校的通知里有《安徽青年报》的招聘信息，希望学校推荐人，便告诉了C，C去了，经过一个"非典"，回来说录取了。我去过C的报社，希望他带我去见主编，推荐一下。C说，我不去，要去你自己去。我没去。回亳州的那晚，翻了一下C宿舍里的几本电影杂志，看到招聘编辑的信息，就发了一封简历。不报任何希望地回到亳州。

几天后，同事说接到上海的电话，让我去面试（那时候我还没手机，留的是同事的手机号），我非常开心，五一前请假去面试，看了一部电影，《托斯卡纳艳阳下》，写了一篇影评。出品人说，虽然我写的不是标准的影评，但文笔很好，才思泉涌，于是录用。我开心死了。回到学校就请了长假，迫不及待地投奔上海。我以为这是梦想的开始，将所有东西都丢了，连棉被，衣服，很多书都没带，也没送回阜阳老家，就那样走了。

我以为我终于实现了梦想，却在试用期第二个月的时候，被炒了鱿鱼。原因是我得罪了一个编辑部主任，他让我校对，当时我正在赶稿，要他再等我一阵。几天后，

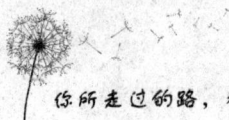

他拿了两本其他电影杂志给我，翻到影评版，问我有两篇文章是不是我写的。我说是。他二话没说，走了。后来出品人说我违反了商业规范，给竞争对手写文章。我这才恍悟，做编辑并不像我以前自由撰稿那样可以随意投稿，我以为这两篇文章本杂志不用，那不妨给其他杂志，没想到犯了大忌。可是我从来不知道这些，可见我当时多笨拙。就这样我试用期都没过就失业了。我找了很多工作，最艰难的时候，我甚至去一个鞋店面试，我说，只要能留在上海，够吃饭，钱再少都不在乎。可是人家不敢要我，毕竟我是本科毕业。

后来，通过《上海青年报》一个编辑介绍，我去一家生活类杂志做编外记者，帮人家组稿，写稿，拿很少的稿费。这本杂志曾经辉煌过，陈逸飞是视觉总监，木心在那做过美术编辑，但当时已经衰落，由一个广告公司在代理，出品人让我去广告公司那见女老板，希望我可以正式成为编辑，但女老板对我并没兴趣。我又回到出品人这里，半个月后，在2004年的元旦前夜，失业。就这样我回到了安徽，我告诉父母，自己是提前放假，提前回来的。但是年后，我并不知道去哪里。学校那里，我不好意思回去，面子上挂不住。

整个春节都过得凄凉凄惨，黄昏的时候跑到镇上邮局的网吧里上网，写稿，看外面的世界。那是我与外界的唯一联系。我写自己的理想，梦想，艰辛。有一天，天涯网站有个人给我留言，说谁谁让我给他打个电话。于是，我

给他打了一个电话。他是我的一个远房叔叔，他父亲去洛阳的时候我爷爷送过二百大洋，他父亲曾做到洛阳市委书记，后来全家移居深圳，跟故乡并无来往。但我一直知道他，我父亲曾经提起过他。我就给他打电话，问有没有机会。春节过后，他给我打电话，说有个教师报的工作，问我是否愿意。我说可以。就这样我来到了深圳。

我是从上海转车到深圳的，从上海拿了放在那里的书，带了几件衣服，坐了三十多小时的火车，到了深圳。

夜半时刻，火车上认识一个男生，仅仅因为他像我的一个高中同学，便认识了。后来，这人骗走了我一部手机和几百块钱，这是我在深圳最初的教训。

到深圳才知道，原来是这个远房叔叔和几个朋友，成立了一个某知名教师报的南方工作站，想走发行，市场路线，赚点钱。就我一个人跑发行，联系学校校长，想通过采访收费。但此路不通。我没干过市场，他们也没人过问，几个月后，工作站关闭，我去他所在的地产公司做文案。后来我也离开他了，他让我走的。那一刻，我走在景田北的路上，内心惶惑，心里焦虑，我感觉我寸步难行，走投无路，怎么办？我的道路在哪？但是我不能回家，我回去就是失败，不回去却又受折磨，真的坚持不下去了。心里接近崩溃的边缘，随时都可能倒下。

最终我进了一家设计网站，干了几个月，看到 X 报招聘，我去了。人家要我了。我很卖命，干得不错，白天黑夜，找新闻，写稿子，文博会采访，我写的一个人物稿

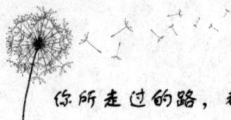

子，还被领导称赞，我想找的采访对象，不管多难总能找到。那时候我已经上手了，开始有了信心。每天去报社食堂吃饭，中午跟领导去楼上的餐厅，我感觉骄傲而自豪，开心而快活，我终于成了一个记者，还是党报。我怎能不高兴雀跃？

但是，一件悲惨事件的发生，让我再次失业。部门主任在北京，副主编直接找我谈话，让我离开。我就那样走了，生活再次陷入困顿。同住的高中校友帮我写了一份简历，发给了一个女性杂志。我曾经给那个杂志投过简历，杳无音信。期间也多次路过那家杂志门口，心里还怪怪的。但这次，人家要我去面试。所有人都要考试，我却不用，主编看了看我的文章，问了我三个问题，对深圳什么感觉，为什么选择他们，对女性杂志有什么看法。我一一回答。很快就上班了。

那时候，我因为失业刚结束一段恋情。在这女性杂志，我憋足了劲，卧薪尝胆，埋头苦干。别人约不到的稿子，我约；别人写不了的稿子，我写；为了一篇文章，可以找二十几个作者，非要找到符合标准的文章不可。我很快站住脚跟，发稿量飙升。我开始给杂志写专栏，给《羊城晚报》写，就这样，我成了情感专家，写了我的第一本书。

后来我又出了第二本书，但是，那个欣赏我的主编却离开了，换了一个人，和我格格不入。或者说，看起来是不错的，其实没那么好，我的发稿量是第一却拿不到优秀员工。我约的稿子越来越难发，我写的稿子也很少被用。

我约的作者的文章总要被拖延，修改，即使修改也还是不发。最后，作者都伤心了。我想离开，但不知道该去哪里。那时候我已经开始和外界接触，认识了很多做公关的朋友，参加了很多时尚发布会，签售会都做了，电视节目也做了一两次，但是我依然不知道做什么。

我尝试创业，花几千块钱做了一个交友网站，我帮一个香港混血小明星炒作，我开了一个淘宝店，卖女装，卖情感咨询课程。每一件事，开头我很兴奋，也很用心，最后却没成效，因为我发现写作才是我做得最顺手的。有个香港朋友邀请我去他公司，待遇很高，但对方是情趣公司，我始终不好意思去。投了一些简历也没回音。最后，有个 F1 摩托艇公司副总裁找我，跟我谈了一下午，非常欣赏我，让我拿方案，我写了几千字的方案，她赞不绝口，说等总裁回来见我。总裁二十天后回来，跟我聊了聊，问了我几个摩托艇的话题。我就我所知道的做了回答。最后，这事情也没成，总裁觉得我内向。

我给一个朋友打电话，感觉自己没有出路，眼泪都快出来了。朋友让我和领导搞好关系，以诚相待。我说我够诚了，但还是搞不好，怎么办？最后，命运给了我一个转机，有个财经杂志请我。我快速辞了女性杂志的工作。我更加拼命，忘记一切，忘记女性杂志的写作习惯，忘记写过两本情感书的事实，让自己进入财经氛围。但是，我依然没得到重用。我似乎成了可有可无的人，我觉得不能再这样下去了。我必须离开职场，但是我能做什么？

　　我天天想着创业，琢磨商业模式，但没一个行得通，因为我没资金，也没合作伙伴，我邀请过几个人，但他们都没勇气。最后，我开窍了，何不自己弄个财经杂志？于是找一个做印刷的朋友一聊，他推荐了一个企业家，我们见了面，对方愿意出两万块做一个封面。于是，我用业余时间，做了一本财经杂志出来，请朋友拍摄了封面大片，自己写的访问稿子。杂志印出来，钱都用来付印刷费。我一分钱没剩，还没日没夜地加班，但这证明我终于成功做了一件事，我创业了，我可以自立了，这是多大的鼓舞。接下来，我做了第二期，第三期，我还做了情趣行业特别策划，很多财经网站转载。不久，当老板将我的文章从头版撤下的时候，我递了辞职信。第二天我就飞到上海，受邀参加东方卫视星动亚洲的总决赛。

　　世界一下子展现了完全不同的状态，原先我在职场寸步难行，活得憋屈。但辞职后，一切都朝好的方向发展，我承办了一个大型财经峰会，整个华南都是我负责，一个月内，我连做了三场发布会，各路人马齐聚，商会，协会，企业家，媒体，各种平台，此时刚好是微信火爆的时刻，我的社交圈一下子被打开，我居然成了风云人物，很多人来找我，要和我谈合作。

　　杂志做了半年，还接了几个广告业务。但某一天，我忽然就不想去谈广告了，因为有人对我说，你是个作家，应该跟大家聊聊天，喝喝茶，云淡风轻，不食人间烟火，你去做市场总觉得不对劲。也许我骨子里本就不想做市场，他这么一说我就更这么认为，于是我固步自封了，杂志几个月没新的广告收入。

去拜访一个朋友，她说，你是情感专家，现在剩男剩女那么多，你为什么不做这一块，而要去做不擅长的财经？我就这样开始了交友派对、婚恋沙龙的操作，没想到再次引起潮流。一时间，深圳的各大会所都留下我的身影，我的沙龙在深圳引起巨大反响，《南方都市报》的一名记者形容我的睿丽高端婚恋俱乐部：直接将深圳的相亲市场从城乡结合部带到了纽约时代范儿，私家会所，假面舞会，会员制，这些关键词不仅引起了潮流，也树立了一种生活范式。从此，人们相亲不必再害羞，而是像参加社交派对一样，自然而时尚。

这时我的第三本书出版了。有人约我做节目。我自己也主动出击，认识了好几个编导，人家一看我的书，就让我去试。各种机会纷至沓来。我也似乎变了一个人。以前我在职场寸步难行，八年多的时光，只有两三年活得开心，其他全都不甚顺心。但现在，我忽然发现，我的天地宽了。我会策划，能写，能说，我的组织能力、策划能力、演讲能力，似乎一下子都被激发出来。我找到了自信。

现在，我开始录自己的节目。我的雄心更高，壮志更广博，我感到幸福。

而回望我走过的道路，我发现，它有一个很奇怪的现象，那就是看起来我什么都不会，混得一点都不好，但是，辞职之后，这一切都不存在了，我似乎又什么都会

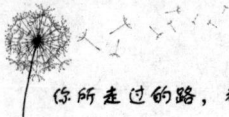

了。因为很多人来找我，请教我问题，我几乎一夜之间成了很多人的文化顾问、情感顾问、企业顾问，连商业模式都擅长了，我居然可以帮很多大公司出谋划策了。

这是怎样发生的呢？为什么在那个开关没开启之前我一点都没发现？为什么在前一秒我还觉得自己一无是处，后一秒忽然就牛逼哄哄？我想，一定是我体内存在着某种能量，身上有某种潜质，只是它这么多年一直受压抑，但也一直在积蓄力量，时机成熟了，它就一下子爆发了。

我们每个人都有惊人的才华，惊天的力量，只是，它有时候可能被埋没了，被扼杀了。但是，如果我们挖掘出它，给它生长的空间，它一定让我们震撼。我想，我是如此，你也一样。

人生是一场孤独的长跑

> 我宁愿按着自己的步子，循着自己的呼吸韵律，一点一步，一迈一落，走出自己的舒服和舒心来。

村上春树有本随笔集，《当我谈论跑步时我谈论什么》。我上班的时候，隔壁刊的女编辑就买了一本。我是村上迷，但我没买这本书，当时想问她借来看一下的，但

想想还是算了。不过，中间也似乎看到过这本书的书摘，大概了解一些内容，就是谈论跑步与写作之间的关系。

其实，不用看这本书，热爱村上的我早已从他的小说和随笔里知道，村上喜欢跑步，喜欢跑马拉松，最喜欢在没有人的道上跑马拉松，那是一个美国大公司的花园，那样的地方，最是他向往的。跑完步，最舒服的是喝啤酒。除了爽以外，村上春树跑步最主要是为了锻炼写小说的意志力。的确，长跑是可以让人静下心来的，对长篇来说，尤其需要这样的训练。长篇不啻一次长跑，虽然我的长篇还没写完，但我已经感觉到这是一次长跑，不是百米赛，不是靠小聪明和灵性就能完成的，必须花费全部的精力。所以村上用跑步来强健身体，让心灵安静下来。

在电影里也看到许多跑步的镜头。有个欧洲电影的开场，主人公就一直在跑，穿过公园，穿过十字路口，越过一些人，穿过隧道，继续往前；另一个电影里，主人公通过长跑来排遣孤独寂寞。我听过一个真实的案例，说是某个人当年参加过某个著名的事件，后来深受打击，定居深圳后就用长跑来排遣情绪。也有人说，性欲强的人，寂寞难耐时可以去长跑。到了今天，长跑似乎成为流行的时尚，尤其是中产阶级，前几天一个文友就写过文章《雾霾下的精英长跑运动，究竟有多少裨益？》，说是北京雾霾下，中产阶级都在长跑。最近又看到一篇文章，标题居然是《何以解忧，唯有长跑》。看来又是一个长跑控。

我一直对长跑没有兴趣。这大概是我记忆中关于奔跑

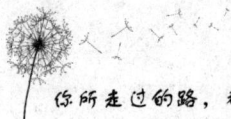

的瞬间都是不太愉快的。比如，小时候，场里晒着麦子，忽然天降大雨，便要飞奔着去场里，用脸盘、木锨等将麦子往穴里倒。那种奔跑的劲头，让我觉得是一种折磨，因为会耗费尽人的精神。小学时我们家总是吃饭很晚，我记得上学经常迟到。有一年，大嫂生病，父母带着她去外地看病，我和姐姐弟弟在家，吃完饭去上学，下着大雨，没有伞，我在雨中奔跑，一边想着家里的烦心事，一边觉得委屈，为什么平凡的生活却有那么多磨难呢？为什么生活这么不容易呢？想着想着，不觉流下泪来。后来看余华的小说，《在细雨中呼喊》，我就特别喜欢这个名字，因为想起我当年在细雨中奔跑的心酸了。

大学时，我体育不太好，其实是不爱体育，一点感觉都没有，即使锻炼能健身，我也不热爱。体育考试总是要考的，我记得，百米短跑还是很急促的，要及格也要拼尽全力。最可怕的是1500米长跑，我跑了几次都没跑下来，最后一次考试，终于跑了下来，我却忽然头脑发晕，眼发黑，心里扑通扑通的，快要死掉了似的。体育老师说这是因为血糖低，而且，不该立即停下来，而应该慢慢地停下来。我在操场边上躺了一会，情况稍微好点后，一个男生将我送回寝室，又给我沏了红糖水。那个男生，后来成了我大学最信任的朋友。

所以，有了这些经历后，我对跑步真的没一点好感。总觉得需要奔跑的都不是好事，比如，上班时，为了不迟到居然飞快地跑到电梯，结果我在电梯里晕倒了，这是

2009 年的事。另一次，我为了及时赶到某处，也是跑了一下，也出现了不适的状态。因此，我非常厌恶跑步，生活中尽量回避跑步。

也许，有人会说，中产阶级的跑步和你不同，人家是休闲，是精英运动，是锻炼身体，但我想说，我不会热爱跑步。即使我今天生活得相对好些，有足够的自由，我依然不会跑步。跑步机上的跑步让我觉得最枯燥乏味，曾经试过，一点都不喜欢，因为我总会觉得那是徒劳的运动，像西西弗推石头上山，这还是好的联想，稍微差的，我会联想到朋友喂养的仓鼠，总是这样的徒劳无益。而我平时最无法忍受的就是无聊，就是做机械的重复的事情。户外长跑怎样呢？虽然有风，有风景，一路也自由，但也不喜欢。有天看某电视节目做夜跑族的报道，那些人兴奋地说夜跑有多好，我脑海冒出的第一句话居然是，那有什么好跑的，空气那么差，要吸多少灰尘啊。

其实，我不爱跑步，也还有一个原因，就是我觉得生活应该是慢慢享受的，跑什么呢？我宁愿按着自己的步子，循着自己的呼吸韵律，一点一步，一迈一落，走出自己的舒服和舒心来。但是，如果是作为生活的调剂的跑步当是另一种情形，歌妮说她去二姐家，在松山湖晨跑三圈，心情就特别舒服，我想，那样的湖边我也应该会喜欢的，因为那里的确风景如画啊。

但是，还是要慢下来，湖边的漫步，也才会有遐思嘛！

十年任性，终成才俊

> 他是个叛逆的人，但却叛逆出了自己的路。

韩争光是我的初中同学，记得初一报到时看到一个大脑袋男孩，眼睛也大大的，非常惹眼。他就是韩争光。

争光非常聪明，语数外全都很好，自然，历史，政治，这些更不在话下。大部分男生都会偏科，理化很好，除非文学青年，否则语文一般都不会太好，最多不扯后腿。但争光似乎例外，他看了很多课外书，阅读资料也很多，语文也非常棒。那时，我语文经常年级第一，只有争光可以和我不相上下。但是我的理化又赶不上他，因此，不得不服。

争光的家境很好，父亲是镇教委的干部，目前是小学老师，争光是花大力气培养出来的孩子，基础非常好。他家住在学校里，就在我们教室的左边，和语文老师是邻居，因为是大院里的孩子，人聪明，学习又好，很多老师都很喜欢他。

我初中时和争光交集不多，也就是私下玩的不多，因为我住校，中午回家吃饭，下午回来上课，经常因为家里吃饭晚而上课迟到。争光却是住在校园里，平时很少一起

玩。但是，因为我毕竟成绩也不错，我们算是一个梯队。而且，我语文最好，语文老师又对我最好，因此争光对我也另眼相看。尤其是模拟考试，语文老师喜欢让我们几个住校生，语文学习好的，帮忙对卷子，而争光就在隔壁，什么事都积极，也被老师请来，一起对试卷。

我初二的时候，代数不是特别好，有时候向代数老师请教，他会觉得我的问题很容易理解，并且，最后总说我偏科，其实我代数并不差，只是没争光这样数学特别好的人好。尽管如此，我后来很快弥补了上来。因为我偏科的那几个月正是我迷恋文学的时候，有同学带来了几本中学生刊物，看到里面的诗歌，我就心血来潮，自己写诗，四处投稿，才导致偏科的。不过，通过努力，三个月左右就完全赶上来了。初二开了几何课，初三开了物理和化学课，我虽然也学得好，但和争光是有区别的，因为他领悟起来似乎特别快，毫无问题，而我吃力一点，我想这是文艺爱好者和典型的理科青年最初的区别，只是那时候还没意识到。

中考，去县城，我和争光在一个考场，我记得，他坐在我的身后，我与他倒有相似的风格，他很快做完，就交卷走人了，我也走得挺早的。因为我觉得会做的，能做的，做完就罢，再检查，再磨蹭也没用，心一横，就提前交卷。成绩下来，争光考入阜阳一中，省重点，我则考入颍上一中，市重点。

分属不同的高中，本以为以后没什么来往了。没想

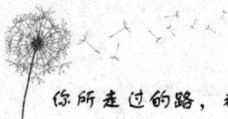

到，一年后，争光忽然转学到我们学校来了。这是新闻，一个省重点的学生转到市重点，这让许多人惊诧不已。具体原因我不知道，江湖传言，争光在省重点不太好学，逃课，打游戏，被学校开除了。

我记得那时好像已经分科了，我在五班，文科，他在二班，理科。我们交往并不多。不过某天，争光妈妈忽然找到我，说希望我和争光一起住。我问起原因，才知道争光爱看录像，彻夜不归。他妈妈希望我的勤奋刻苦能影响他，帮着带好他。我当时住学校宿舍，因为不用掏房租，加上确实想帮他，我就搬到他那里住了。其实，那个时候，初中一起来的同学都躲着他，不肯跟他玩。他们都深怕争光影响他们，像躲瘟疫一样躲他。我看到他们对争光的态度，很是悲哀。

我们住在学校正对面的武装部里，是一个单间，大概二十多平米，中间靠墙一张大书桌，窗台下一张小桌子，两张床，一大一小，争光睡大床，我睡小床。说实话，跟争光同住的确会受到影响，白天基本看不到他，晚上，他会深更半夜地回来。那是去看录像或打游戏去了。其实我也管不了他，只能提个建议，或者跟他说两句，希望他不要让他妈妈失望，抓紧时间学习之类。争光总是一副无所谓的样子和语气。那时候其他理科班的人也有瞧不上他，说他傻的，因为他从省重点来，直来直去，没有心计，那些成熟一点，世故一点的人便不拿他当回事。我听到过这样的言论，甚至看过大家对他的态度，颇替他不平。

　　不过，争光也许并未意识到，因为他没心计，这倒是好事。

　　多年后我回想，争光那时候正好是青春叛逆期，荷尔蒙作祟，而我则似乎从未叛逆过——我那时好像并没有荷尔蒙冲动，没有青春期的叛逆与躁动，整个高中时代还是很全心投入学习的，即使有喜欢的人，也是诗化的，是对她灵魂的喜欢，而且，没有说出口。我似乎要到很久之后，才真正开始了叛逆——甚至大学时我还沉浸在文学的熏陶里，完全诗化人生，及至毕业到了深圳才好像一下子荷尔蒙凶猛，强烈到滔滔之势——无论是对这个世界的对抗还是情欲的勃发，在从上海到深圳后都强烈饱满，可见，我的青春期都比别人来得晚。

　　争光的另一个青春期表现是，他喜欢上了我们班的一个女同学，是十八里铺乡的。个子小巧，精致，文科尚好，理科不理想，学习在中等偏上。但是，因为身材娇小，性格也随和，还是挺讨老师喜欢。她也住在武装部。争光是怎么注意到她的我不知道。只是，人家似乎并不理他。其实争光长得很帅，又高大，学习不能说出彩，也不差，但那个女生也许听了流言蜚语，也许被假象蒙蔽，也许不喜欢他那款，也许怕耽误学习，总之，他俩似乎并未开始，而且，我记得有次争光在路上碰到她，那姑娘还好像并不高兴，好像争光喜欢她让她很没面子似的。

　　后来我就离开争光的宿舍，回寝室了。原因就是他半夜容易吵醒我。那之后，我们便联系很少了。

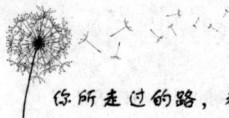

整个高三像打仗。争光的学习应该还是上课，下课之后就消失不见，也就是说他不像其他人那样，下课后还刻苦用功，只在上课时学一点。但尽管如此，高考之后，他还是考上了哈尔滨理工大学。我则上了一所普通的师范大学。自此，再无相见。

我上大二的时候，有一次回乡，听人说他在北京。据说是他在哈尔滨理工大也不好好读书，经常玩电脑，旷课，被退学。他母亲很伤心，让他回去从新参加高考，他说好，但回来之前去了一趟北京，找了一个朋友，结果就留在那里，没有回来。说是对电脑很有研究，研究防火墙很厉害。那时候他月薪很高。母亲也不再强迫他参加高考了，还在饭店宴请初中老师，表达谢意。我是听初中语文老师说的。

这故事很传奇，让当时只能按部就班等毕业的我自愧弗如，虽然我也能靠写作赚稿费，但毕竟他那时月薪都上万了，相差太远，望尘莫及。

大学毕业，我在安徽教了八个月的书，后来辞职到上海做媒体，半年后到深圳，辗转奔波，要许多年后才能找到自己，许多年后才能停止迷茫，许多年后才能赢得一片自己的天空。

在深圳，我给另一个技术狂人，一个高中校友打过电话，他是我高中最好同学的初中校友，高中时见过，但不熟，在腾讯做QQ空间技术开发项目主管，我在女报想做交友网站，向他请教问题，想约着见面，最后也没见成。人家是腾讯公司的中层，工作稳定，前途远大，薪资丰

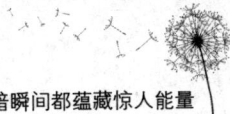

厚，对和我做交友网站没兴趣。

想起这个校友，是因为他和争光一样，都是电脑方面的高手，而且，最后一次听到争光的消息，好像是说他也在深圳。当我在深圳成为情感专家后，我想，也许他应该听说过我，因为网络、媒体都有很多我的消息。不过，我们至今没联系到。就在写这篇文章的时候，我还特意去百度了一下韩争光三个字，翻了三页也没找到他便不肯再找，我想，也许我们永远不会见面，但我心里，他依然有着鲜明的地位，他是个叛逆的人，但却叛逆出了自己的路。用现在流行的话说，就是任性。而我也终究成了一个任性的人，比他有过之而无不及。

一束光温暖了一辈子

> 一个人的生命，一旦有了这种微光，就成了值得的生命。

迈克曾写他艰辛岁月里的一段经历，不愉快的事一桩接一桩，各方面都不如意，一贫如洗，赶上交通罢工，他从住处步行半个多小时去郊区的超市，不是买东西，而是将它作为避免滑入黑洞的活动。就在那时，看到电视上俊男的媚笑和高歌，不仅没有反感，还收获了一份意外的感

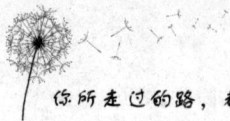

触。迈克说，"他的意气风发是一种安慰，教人坚持好好歹歹活下去。"

这篇文章叫《共患难》，我觉得说共患难有点夸大，最多是鼓励了，一个明媚的人让一个身处逆境的人看到希望，大抵是这样的一种感觉，共患难则是要双方都有难处，且一起努力才对。

说到光环万丈的明星的励志，我现在很难再有这样的感触，倒是少年时代，被歌手张咪感动过。收音机里说，张咪家境贫寒，还身患肺结核，成长为歌手，这种逆境故事让人深受感动。尤其是张咪唱的那首《奉献》："自从踏进茫茫人世间，穿过了春天到秋天，人生有几多追求，人生有几多梦幻……"更让人有尘世感，想，既然要走一遭，就要好好珍惜。

后来，还有个叫罗绮的女摇滚歌手的故事让我很震撼，罗绮曾经一只眼失明，这种坚强的生命不得不让人叫好——罗绮本人有首发自肺腑的歌就叫《坚强》。

这大约是我年少时仅有的两次受艺人感动的经历。不过，其实那时生活幸福，在父母的庇护下，哪懂得什么叫真正的艰辛？倒是 2004 年在上海，着实体验了什么叫生活的艰辛。失业，在那段对自我表示怀疑的日子，真是暗无天日——回单位，拉不下脸，爱面子，心有不甘；留下来，也看不见路。寥落的日子，我只好将自己寄情在书里，没面试的日子就去附近一家小书铺看看书。实在是太小的书铺，邻街，但街太荒芜，几乎没有人，经常一下午都没

一个人来——除了我。店主是个上海本地的年轻人，后面是他们的家——跟他聊过一次，他说，上过班，觉得累就回来了，属于也不会玩办公室斗争的那种人，像安妮宝贝描写的草食男，没有太多功利和欲望。有一天，我将我的处境也告诉给了他，应该是淡淡地说起，他鼓励过我。

我还记得，他那时总喜欢放《丁香花》那支歌，一遍一遍地，唱得伤感。后来，还有一次，我在那看书，他拿了香蕉非让我吃，盛情难却之下我吃了一根。之后，我离开了闸北区，就没去过他的书铺了。再后来，离开上海，就没了任何消息。

这么多年，我一直都忘不了那家书铺，那个上海青年，他跟我聊的几句话，他的友善，都仿佛是对我莫大的鼓舞和帮助，让我觉得人性的美好与真诚。其实，就他来说，也并没做什么，就我来说，却仿佛受了很大的帮助，这大约都是因为我那时在艰辛中吧。因为那一时刻，确无一丝慰藉，于是将普通的人与人交往的尊重都当成了鼓励，将那一点友善都当成了恩情，这就是深处寂寞时的人的心理特征吧。

后来，曾几次去过上海，行程太赶，刚停下就离开，根本就无暇去找那家书铺，也没法去找，因为上海早让我觉得太陌生了。

但其实，这么多年，我时常都会想起那家店，想起那个年轻人曾对我的友好，城市巨变的上海，不知道他的书铺还在不在，也不知道他是否上班了，过得好不好？这种

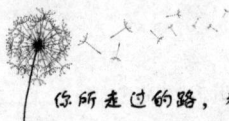

想法时不时地就会浮过脑际，想起的时候心头一暖，很快又过去，是那种很平静地想起。也确实够平静，因为原本就没什么深刻的故事，淡是自然的。

我将这种感动，这种生命中的温情称为微光，这种光偶尔会在你生命中闪一下，仿佛暗夜里的一星微火，没有它你肯定不会死，但有了它你却很温暖，这种光的所在，足以温暖一个人的一辈子。

而一个人的生命，一旦有了这种微光，就成了值得的生命。有光的所在，有光的生命，真暖！

张国荣：不要在黎明前死去！

> 因为我们知道，我们最终不是为别人而活，
> 而是为自己，好好地活着。

亲爱的！

亲爱的哥哥！

这么称呼你，实在是因为，我觉得我是世界上最懂你的男人。

每年到了 4 月 1 日，人们就会自发地纪念你，写文章，发你以前的靓照和音乐。这是一种仪式，一种怀念，说明人们真心地喜欢你。

　　我以前也会写。但今年没打算写，一是写你的人太多，出色的不多，二是，过去那么多年，怀念都在内心沉淀，有些感情，你知道就好，记得就好，不一定非要写出来。但是，我看了两三篇关于你的文章——因为是你，忍不住，就看了下去，如果是其他文章，我估计会不看，或者快速浏览，但是你，我认真地看完了。

　　看完，依然有感触。只是，这次感触和以前不同。以前大家都说你怎样风华绝代，怎样眉目俊朗，如画，性情温柔，千娇百媚，风流俊逸，飘逸潇洒。而今天，我看到的是一个脆弱的你，一个寂寞的你，一个不太开心的你，一个不完美的你。

真正的传奇就是从卑微到伟大

　　关于你的传说很多，传奇也很多。但是，也有人说你不是传奇，当年挖掘你出来的经理人周采茨就曾不以为然地说，"张国荣一点都不传奇，怎么可能是传奇呢？他有什么传奇呢？一个裁缝的儿子，顶多就是一个达人秀里面出来的，然后变了明星。"

　　是的，用世俗的观点来看，传奇必须出身不凡，名流世家，大悲大喜，历尽磨难，做出惊天动地的事业，或者历尽人世的磨难，这样的人才够传奇吧。而你，出身太过卑微，只不过是个裁缝的儿子，一个平民家庭的子弟。这样的人是很难称得上传奇的。不过，这恰恰是你的厉害之处，你从一个普通人家的俊俏孩子，成长为一代巨星，这

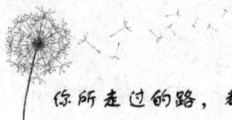

才是传奇的真正含义。

遗憾，我没能亲见你这个传奇的过程。我知道你的时候，你已经走了。那是2003年，我在校园里，忽然听到你去世的消息，于是，开始关注你。我一向对悲剧敏感，虽然之前不是你的粉丝，但看到你的介绍，知道你的生平，便觉得好可惜，好遗憾。就像当年我的老乡著名作家戴厚英在上海遇害，我会伤心流泪，而我那时没读过她一个字，只是报纸上的介绍就让我唏嘘伤感了。

又过了半年，你的挚友梅艳芳也走了。我也是那时候才真正知道她的。这方面你得原谅我。因为出身农村，并没有及时接触流行文化，我连迈克尔·杰克逊最红的舞都不知道，他死的时候很多人哭泣我却没任何感觉。大约同为中国人，大约气质相通，你和梅艳芳走的时候，我都伤心落泪，似乎和我自己有关。

忧伤的人才要格外快乐

2003年我在亳州，和一个女同事在她的宿舍里看《异度空间》，你和林嘉欣演的，我心里发凉。那个片子，真的看得人心里压抑，尤其是天台那一幕，鲜血满脸，看得人顿觉恐怖。那晚，那个女生不敢睡觉，我陪她，直到她安然入睡，我才悄然离开。

那个片子，据说就是让你着魔的开始，片中的Jim是个成功的心理医生，他高中时代的女友在自己面前自杀，给他留下了挥之不去的阴影。而繁忙的工作，让他忘记了

悲伤，借助忙碌的工作，他以为自己可以痊愈，谁知道遇到患者章昕，他尘封的记忆再次被唤醒，幻觉中，前女友血光满面，来向自己讨债。

这是让人心寒的电影。我一个人肯定不会选择这样的片子，会有心理暗示。电影中，Jim 最终战胜了恐惧心理，和前女友达成了和解。但现实中，你却凛然一跃，从此，天堂多了一个高贵的灵魂，人间少了一个俊朗的身影。

因为这部片子，我以后都尽量避免看恐怖片。怕自己吓自己，怕自己陷入那种诡异的氛围。我想，人要走入热烈的场景，融入热烈的氛围，越是孤单的灵魂，越要融入世俗，这样才不会让自己沉沦下去。就如《挪威的森林》里的渡边，朋友死了，朋友的女朋友，自己后来喜欢的人也死了，可他不能也跟着死，不管多忧伤，他必须救赎，他救赎的方法是去旅行，找一个泼辣而性感妖娆的女朋友绿子，坚强勇敢地拥抱充满烟火气的人间，这样的人也才能治愈他的迷惘和忧伤，当然，也包括和直子的病友玲子做爱，这都是以毒攻毒。

从这个角度上说，我很不喜欢过年时的深圳，因为感觉像个死城，人烟稀少，让人害怕。我更喜欢看到乌压压一大片人群，哪怕和我不认识，哪怕一辈子也不会发生交集，哪怕不喜欢，但看着他们在忙碌，心里也觉得踏实。

除了生死，都是小事

另一点感触是，据说你和香港传媒交恶，是因为

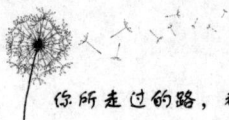

"热·情演唱会"，你穿了红色长衫，留了披肩长发，香港传媒说你像妖。大肆批判，你觉得很不开心。这也种下了你和传媒的矛盾，成为你内心的伤感元素之一。

我想那的确是让人伤感的，一个艺术家，想要怎样的造型，怎样的扮相，都应该按自己的想法去做，何况，你还扮得那样妖艳，那样迷人。香港传媒真是害人不浅，这样说你，完全是不懂艺术，不懂前卫，也不尊重人，这样的传媒，太过落伍。

其实，又何必在意他们？我们每个人生活在这个世界上，都要遇到许多挑剔。像我小时候，因为喜欢一个人上厕所，男孩子们有喊我女孩子的，因为声音温柔，恶意的女孩子也会说我娘娘腔，但我都忍了下来。当然也会难过，但你不能因为他们这样说就生自己的气，生他们的气，更不划算。

多年以后，谁还记得谁呢，我小学的同学大都在外打工，四处漂泊，我中学的同学也都在老家小镇，即使高中同学，又有几个混得真正好呢。他们年少无知，轻薄浅薄，多年后，岁月自会教训他们，那时候，他们便会领教岁月的残酷，收敛自己的蛮横和粗野。

何况，放到时间里，一点嘲讽又算什么。我记得，我高中的时候，有一天早自习看到黑板上写"陈保才我要打得你满地找牙"。我勃然大怒，非常难过，我想他们怎么会这样对我呢，我又没招谁惹谁。所以那个早自习，我跟班主任任了性，我严厉声讨，大声斥责写这句话的人。班主任也严厉谴责。四年后，我去芜湖参加招聘，住在高中同学 F 的宿舍里，晚上和同为同学的他的女朋友三人逛步行街，我说你们知道当年那句话谁写的吗，他们说真的不知道。所有人都忘了这个事，我却记了那么多年，以为有人恨我。我想知道是谁，但他俩都忘了，我白纠结了那么多年。

所以，如果你有烦恼，不妨交给时间。如果世界待你不公，还是交给时间，若干年后，没准他们又来膜拜你了，你要原谅世人的浅薄和无赖。

正如那句话所说，世间除了生死，都是小事。嘲讽又算什么？

无人欣赏？那就孤芳自赏！

还有一个细节触动了我，就说你当年想拍电影，但是后来流产了。我很感兴趣你的那个电影的名字——《偷心》，多好的片名啊，真是浪漫，只有你这样的人才能想到这样的名字吧。但是，他们不懂。我不知道他们为什么撤资，毁约，但你对此却非常失落。据说，你对香港的记者抱怨说："我张国荣为香港歌坛影坛贡献了那么多，得过那么多的荣誉，为什么他们不支持我一下？"

这让我深有同感，我曾经也在心里对领导发问，为什么我给杂志社做出那么多贡献，订阅了那么多杂志，让外界那么多人知道杂志，领导却不将优秀员工给我。

可是，没支持我们就不往前走了吗。我记得，我创业

的时候，好多朋友说，你项目好（婚恋项目至今依然是好项目，刚需），可以找人投资啊。有个80后朋友说，你讲一个故事嘛。可是，我不会讲故事，我甚至不会包装自己，所以我总找不到投资。但奇怪的是，我看有些人，水平一般，项目一般却有人投资。我认识的一个人，打工出身，做蓝领培训，都有人投资，我出了十几本书，写了那么多文章，对婚恋那么有研究，但是，却没人投资我。

我曾经做财经杂志，有个男生想来应聘主编，约了几次，他某天忽然对我说，陈老师，我不来了，有人要投资我的项目。我说什么项目，他说猎头。我想猎头也不是什么新的行业啊，为什么会有人热心投资呢。那一刻，我居然很失落，觉得自己没有遇到贵人。就像我看《中国合伙人》，会落泪，不是因为感动，是因为自己创业没有贴心的合作伙伴，内心悲凉。

总之，我就是那种不会推销自己的人。明明有满腹的才华，人家看不出来，或者看不到，或者看到了不在意，因为不会吹嘘，反而还会受到人家的严格审视，而那些吊儿郎当的人，却还有人深信不疑。

所以我有段时间也对世界失望，我是个作家，才华卓著，智慧飞扬，我还这么拼命，去创业，我浑身正能量，卖命奋斗，从未懈怠，为什么你们不支持我？为什么还有人挑剔我？但后来我想通了。天下没白吃的午餐。他们要投资进来，你肯定要受到牵制。没有投资，我最起码自由点。慢慢来。也许我就是那个不招贵人的人吧，就是奔波

的命。我就是这样的性格，你太强了，反而没人提携你了。那好，我做自己的贵人吧。

就如你，一代巨星，为什么拍个电影都没人投资？香港那么多人拍电影，为什么那么多烂片都有人投，而你的却没人投，你肯定不会拍烂片的。就像现在的内地市场，多少烂片都有人投资，但当年你却一个投资都没。

于是，你开始自责，你想可能是自己错了。

你有好人的愚钝与执着，你以为你好就有人投资你，你以为你做了那么多贡献就有人支持你，感谢你，但这个世界恰恰不是这样，这个世界只会看交易，看利益，如果没有利益所获，你再有才华也不会有人看重你。所以，如果我那时候能遇见，我一定告诉你，你不用自我怀疑，不用自责，不用发问，"我一生没做坏事，为何这样？"你什么都没错，你很好，只是他们不懂你的好。

但我们懂。

我们只有活给自己看

最后，我想对你说的是，你真的走得太早了。你像虞姬决绝地一抹脖子，就那样离开了，虞姬说，"我比较喜欢这样华丽的收梢！"典型的张爱玲的风格。但是，谁能懂呢？再华丽的收梢，不如赖活着。

你当年的抑郁症，其实没有那么糟糕。因为世界上很多人都会遇到。有香港作家说，你一直对世人的不怀好意耿耿于怀，比如，当年你刚出道，热情迸发，将帽子抛

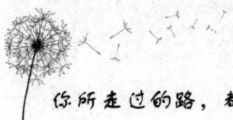

下观众席，但观众却将帽子扔了回来，还喝倒彩。你不明白，他们为什么要这样对你。

再比如，别人的歌迷划破你的车，你觉得这些都是伤害，包括香港媒体在"热·情演唱会"后对你的围攻。我想说，这些都是成长的代价。如果没有这些，又怎么有你后来的成就呢。其实，一个贫穷而又丑陋的男人，是不是遇到的耻辱比你更多呢？我受到的欺负和不公肯定比你多吧，因为我没你帅气嘛。你年少成名，我熬了三十多岁还默默无闻，还有生存的压力，内心的煎熬，我是不是比你更辛苦呢？

我见过许多企业家，被打过，睡过墓穴，喝过凉水，饭都吃不上，还有一个小时候乞讨过，但是，他们都可以忍过来，挺过来，因为别无选择，因为男人就该站在大地上。

而你，毕竟那么帅气，少年成名，后来又拥有那么多金钱、社会地位、爱人，你又何苦不原谅这世界的野蛮与残酷呢？

你走得委实过早。其实，郑秀文也患过抑郁症，传媒对她也不够友好。《长恨歌》之后，媒体天天报道她爆肥，自杀，负面新闻不绝于耳，加上年纪大了，过气了，《长恨歌》票房又不好，她肯定也不好受。但她终于挺过来了，现在，我们看到她经常写专栏，又结了婚，这两年还继续有新戏拍。那是因为她能原谅自己，能接受自己的不完美，郑秀文说，"我以前是个很挑剔的人，很追求完美，一定

要做最棒的那个。反而生病之后，我原谅了自己，也接纳了自己的不完美，我明白生命就是这样有高低起伏的，所以必须接纳自己的软弱，没有必要假装很坚强，没必要每分每秒都撑着，所以我现在的生活快乐了很多。"

其实，你当时也可以度过你的低潮期，过了那个点，依然会有人请你拍戏的，只不过，角色可能不再是男一号。只是，你那么傲娇，那么完美，你怎么能容忍自己不被重视，你怎么能忍受抑郁的折磨呢。

不过，就算你不拍戏，你也可以做点事啊，最起码，你可以通过书写，来回忆你的道路，哪怕写下回忆录，没准也能抒发心情啊。只可惜，你没有熬过那一关，你太过完美，不堪折磨，那条自我解救的道路，终于被你割断了。

而我们，每一个热爱你的我们，都将要好好地活着，因为我们知道，我们最终不是为别人而活，而是为自己，好好地活着！

2015 年 4 月 1 日，深夜。

我是我的友，我是我的敌

我是我的友，我是我的敌，所有一切皆在我。

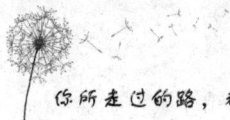

前几日去龙岗大讲堂，讲"《红楼梦》人际关系"，我提到王熙凤的职场敌人。同时也提到自己的为人处世方式，以及人际关系，我说，我只记好，不记坏。比如，我只记得所有帮助过我的人，而对那些不够友好的人，甚至使过坏的人忘记。这是一种态度，如果你想忘，是可以遗忘的。

在生活中，把什么人当朋友，什么人当敌人，有时候也决定了人生境界的高下。记得好多年前看过一个音乐家的传记电影，名字我不记得了，是个风流倜傥的音乐家，很有天分，为人单纯，没有心计，甚至也没用多少苦工，对音乐也没太多苦情，弹得好，自然被人追捧。另一个人，虽然一生都在追求音乐，但天分有限，总无法登上音乐的最高峰。他很有心计，多少次将那个音乐家拉下马，在重要的赛事上，让自己登场，但依然无济于事。只要那个音乐家一出场，他就立即被打回原形，恨得他牙痒痒。

他也非常痛苦，因为他觉得命运不公平，明明他付出了那么多，那么努力，为什么上天就那么眷顾别人？所以，这电影最深刻的反而不是那个有天分的音乐家，而是这个失败者的形象。那时候我便已经知道，天分这东西，有就是有，没有就是没有，再怎么努力也无济于事。不过，这失败者也非常了不起了，和许多人比，已经走得非常远，只是没有走到顶级和伟大的地步，而他又心怀这个野心，所以特别痛苦。普通人能上台表演，或当个钢琴老师就已经很满足了，但他不是那样的人，他要的是伟大，是进入史册。

不过，他将那个天才音乐家当敌人却是错的，他以为没有那个人他就可以称雄，标榜史册。这绝对是错误的，音乐史上没有第二，只有第一，即使没有那个人，也会有其他人，而不是他。他最大的敌人还是自己。

我们年少的时候也爱和别人比，到最后，都是和自己比。尤其是艺术家和作家，当你有好的作品，读者自然会记住你。而不是看到别人好过自己，就心慌慌。我早已过了心慌的年龄，每年有那么多畅销的书出来，何时轮到我的？我一点都不急，也不嫉妒谁。如果你写得足够好，当然会有人追捧你。文学艺术是最公平的，没法来虚的。即使靠买榜进入了畅销，时过境迁，人们也会忘记那些书，所以那些操纵排行榜的人，也是我们不屑的。

写到这，忽然想起最近重看《卧虎藏龙》，郑佩佩扮演的碧眼狐狸用毒针刺死李慕白，她说，她本来要刺的是玉娇龙，李慕白是屈死。因为她觉得玉娇龙太有心计了，八岁的孩子就已经私练秘籍，而且，武功超过自己，她是师傅，无法容忍这个结果，她说："你是我的爱，也是我的仇。"这句话可以看出她的局限，所以她的武功也只能到那个地步了。

对我来说，没有仇，也没有嫉恨羡慕的对象。说句大话，我羡慕的都是死去的人，是那些经典作家，比如曹雪芹、托尔斯泰，活着的人还真没人值得我羡慕嫉妒。我知道我的优势，也知道我的短板，甚至知道我的局限在哪，但我依然会奋力前行，这文学最后还有一个价值，就算伟大不了，至少可以牛逼，而我想做那个牛逼的人。

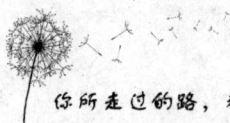

我是我的朋友，也是我的敌人，一切皆在我。所以，当务之急，是突破自我。

一生的爱情

男欢女爱，喜欢之上的爱，干柴烈火，也就是青年人的爱。

很多人说《百年孤独》看不懂，因为太魔幻，也有人说《霍乱时期的爱情》看不懂，因为没有合乎常规的故事，无法弄一个故事大纲，而是用无数的细节构筑成了文字的鸿篇巨制。

在幽微深处，让我们看到爱情的一生。或者，也可以说，是一生的爱情。

以费尔米娜（《霍乱时期的爱情》中的女主人公）来说，她年少的时候，母亲已不在人间，和粗鲁的暴发户父亲在一起，一个老处女的姑母在照顾着她，她并没有接受过关于爱情的熏陶，没有母亲的亲身教导，初恋来临时候该怎么面对，便是一个巨大的难题。所以，当她接到阿里萨的情书时，她非常震惊，恐惧，胆怯，尽管如此，对于爱情的幻想、好奇，以及天性的反叛还是让她接受"引诱"，铤而走险。因此，在那个曾经为爱情失去哭泣过的姑母的默认和掩护下，她开始和阿里萨书信往来。

　　这是一种少年人的游戏，仿佛我们少年时代对异性的懵懂与好奇，其实什么也没干，但一封情书，那火辣辣的文字构筑的想象就已经让我们脸红。我们甚至不了解对方，不知道对方是否适合自己，那不是少年人要考虑的事，而是完全被这种行为和事件所淹没：她接到他的信，证明他是爱她的，而对一个从未了解过爱情的少女来说，有人爱她，这就已经是兴奋的事，其他的，她便都不管了。

　　只是，这份初恋被残忍地阻断了，费尔米娜的父亲无情地赶走了姑母，然后带她远走，不留任何可能，费尔米娜凭着一线希望，通过书信和阿里萨保持联系，并打算回来和他结婚。在父亲的阻隔与不能相见的痛苦中，失望一次次降临，费尔米娜的爱已经开始有所降低，她不再有阿里萨那么强烈的激情，因为她感到命运的无助，个体力量的卑微，在强大的父权面前，她终究是无能为力的。

　　而恰在此时，因为一场霍乱，她认识了医生乌尔比诺。在父权的强势下，一场婚约就确定了。不过，就算没有父权的强力，费尔米娜也会喜欢乌尔比诺。毕竟，此时的她已经步入青年，对意中人有个清晰的认知了，尤其是在那隐忍而不可发泄的多年压抑之后，她青春的情欲蓬勃而旺盛，事实上，她已经被乌尔比诺所吸引。小说里有个细节，费尔米娜和表姐妹聊天时说，"他长得很帅，他闭上眼睛的时候，我看到他玫瑰色的双唇间，漂亮的牙齿，我想疯狂地吻他……"这其实已经是性幻想了，是被一个男人吸引之后，一个青年女子所产生的性唤醒。这才是真

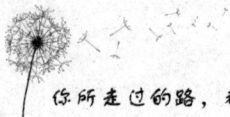

正的爱情，男欢女爱，喜欢之上的爱，干柴烈火，也就是青年人的爱。因此，接下来，费尔米娜纠结地给乌尔比诺回了信，"我愿意接受你和父亲谈的问题"，也就是她答应他的求婚。然后，他们就成了世人眼中最般配的夫妻了。

再回到费尔米娜，当乌尔比诺摔死之后，她先是抗拒阿里萨，但随着时光的流逝，她开始慢慢地接受他，尽管那时他们都已经老朽不堪了，但她的心毕竟开始尝试接纳他了。而此时的他们早没有了当年的蓬勃青春，因此在各种努力之后，终于完成了一次灵肉结合，显然，已没有了少年的悸动。而他们最后的生活，居然是为对方灌肠、洗假牙，拔火罐。这么庸俗甚至是恶心的事，居然成为了两个人欣然接受的平常事。这和年轻时读到一段文字就火热心跳的情形形成了鲜明对比。

因此，《霍乱时期的爱情》其实是对一生爱情的写照，告诉你每个阶段，人们在爱情里寻求什么，读懂了这本书，也就读懂了爱情！

第六章

你终将闪耀

不管你多好，总有人不喜欢你

"别站在你的角度看我，我怕你看不懂！"

有学生急切地问，有男生微信将她屏蔽了是什么状况。

我问她什么情况，她说，是一个不太熟的男生。她在华为的同学介绍的一位海外同事，之前有过微信交流；后来她觉得男生应该多主动才是，就联系少了；结果今天想去他微信圈逛逛，发现他屏蔽了她。

我说，什么状况倒不用追究，他既然屏蔽你说明你们没缘，连朋友都做不成，这样的人要他做什么呢？

我说，我也会遇到一些人，他们也会屏蔽我，但是我丝毫不会感到焦虑，因为那是他的问题。比如今天有个陌生人加我，附言说是我的粉丝。我看着名字有点熟悉就通过了，她的微信名是汉语拼音 WANGLIQIN。通过之后我说，是深圳读书会的 WANGLIQIN 吗？因为我记得读书会有个小姑娘，做过我签售会主持的好像也叫 WANGLIQIN。

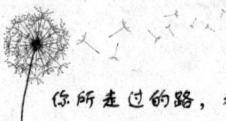

结果这个人说"难道你的朋友里就没有叫 WANGLIQIN 的吗？"然后，她删除了我。我被弄得莫名其妙。

你看，她本来说是我的粉丝，结果却屏蔽了我，喜欢与陌生之间，其实只隔了一线。那一线，有时候反应一个人的境界。比如另一次，一个女生给我留言，让我寄几本书给她看看，我说，我没书，如果喜欢可以去当当。她估计觉得我这是拒绝，也许伤了她的自尊，她删除了我。如果是我，我会说，"这样啊，那不好意思了！"或者，"那我去当当看一下哈！"其实完全不用去，也就敷衍过去了。这么简单的事，她为什么不做呢？

而且，回过头想想，她怎么会让我给她寄书呢？如果是我，我压根就不会让一个作者给我寄书：第一，我和你不熟。第二，即使很熟，我也不会寄书，让一个作家给你寄书这样的话压根就不用开口。

第三，就算你开了口，我如果说没有，应该不好意思的是你。但这其实也没什么，笑一笑，也就过去了，何至于要删除一个人呢？这就是觉得别人拒绝了自己，没面子，内心容不下那个让自己没面子的人；或者觉得这人怎么这么抠，寄个书都舍不得，所以删除了。但是却不去考虑，人家为什么要给你寄书呢？凡事从背后想一想，人就会成长很多。

我最近看到一句话，觉得挺好，"别站在你的角度看我，我怕你看不懂！"这真是金科玉律。许多时候，我们喜欢站在自己的角度。比如，喜欢一个人，是因为她符合了我们所有的想象，符合我们的思想。不喜欢一个人，是因为她不符合我们的道德准则或行为规范。比如，一个人和你思想一致，风格相似，你便很喜欢他，而另一个人与众不同，特立独行，或者风格和你完全不一样，你就觉得人家不好。

所谓好与不好，不是按一个人的才华和品格来判断，而是根据那个人是否和自己一致来决定，这就是一种狭隘。这也反应了一个人的心胸，你缺乏接纳。不能接纳便不会太快乐，不接纳便会衍生许多是非。

在这方面，我从来不会犯低级错误。我总是会更喜欢和我不一样的人，我会更喜欢和与我完全相反的人做朋友，哪怕他有点邪气，有点小坏，但只要不坏得离谱，我觉得都 OK。我会客观地看他，甚至看他的优点，我不会因为他和我不一样就否定他，也不会因为他有缺点就烦恼。

关于喜欢与接纳，最典型的表现在大众对明星的态度，比如，我经常看到有许多人把章子怡形容得不堪，还有人骂范冰冰的，用词也极为猥琐，讨厌与喜欢都不是因为她们的作品，而是她们没按自己的规范活。但是，你是谁啊？别人为什么要按你的规范活？如果按你的想法，别人也没这么风光了。所以，这种辱骂里，有时候也带着嫉妒、自卑、愤怒、不平，所谓看不惯，所谓鄙视，瞧不上，有时候不过是因为人家活得比自己好。可是，这多奇怪啊，如果你想过好生活，不是应该去发愤图强吗？如果骂人可以让自己活得好一点，那我估计全天下的人都去骂人了。

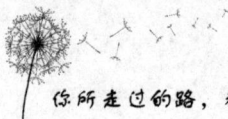

而且，有时候中国人喜欢人云亦云，随波逐流，似乎大家都不喜欢的人就不是好人。其实，这完全错了，因为大众有时候不明就里，甚至被欺骗被愚弄了，这是愚蠢的。有个经济学家将民众形容为乌合之众。我倒没这么悲观，但大众有时候确实是莫名其妙的。

我记得，我在职场的时候，有一天，某个人忽然就对我不热情了。她是隔壁部门的人，曾经一起旅行，我们还一起吃过饭，合过影。以前我们也是聊得比较多的，甚至颇为投缘。后来聊得少了。但某天，我和本部门的同事关系生疏了，在格子间根本没什么话，我觉得很压抑。她和我们部门的一个男生走得挺近，我发现，她后来渐渐不怎么理我了，非常淡了。我想，她也许听了什么传言，这传言十有八九是一面之词，因为我从来就没申辩过。

那时候我有点难过，好像自己做了亏心事，好像自己人缘不好，对自己很失望。但我想，这和我一点关系都没有。如果她是因为听了别人的诉说而疏远了我，那说明她不是一个聪慧的人。偏听则暗，她怎么可以凭借另一个人的信口雌黄就否定我呢。所以，我后来也就想开了。某天，整理电脑图片时，看到曾经的合照，心里慨叹了一下，但也就释然了。

还有时候，人们不喜欢你，仅只是因为她自己不够好。比如我学生经历过的一件事，他某天在某个群里，和一个人说什么事，结果群主就跑出来指责他，说他套取资源。这个学生很委屈，觉得自己好像哪里做错了。其实他

没错，他是在群里 @ 一下人，还是公开的，又没做什么勾当，而且，如果群主需要帮忙，他也会帮忙引荐的，但群主却没给他这个机会。

事后有人跟他说，群主当日和丈夫吵架，心情不好，希望他不要介意。因为群主当日和好几个人吵架，对下属也大动干戈。可见，她自己没修炼好。如果你不考虑别的原因，你可能会指责自己，其实，你根本没错。

但我们都很脆弱，有时候，如果有人不喜欢我们，我们就会觉得惭愧，甚至害羞，怀疑自己。我刚开始做交友派对的时候，有个文人说，"凡是有你的活动都高端不到哪里去"。我当时非常难过，心里沮丧极了。但是，我和他又不认识，他何出此言呢？后来想，这样也太虐待自己了，反正我也不认识他，直接删除了他，拉黑了他。

后来我慢慢地锻炼自己，有时候想不管什么人，都是来让我们修炼的，所以也会保留他们的联系方式，不和他们一般见识，但也不删除，甚至温和以对。但有些人，你再温和他也未必领会，所以后来干脆拉黑。

前几天，我看到一个文章，说郭敬明、范冰冰这些人真够强大，遇到那么多反对之声，那么多辱骂都可以义无反顾，那么多人不喜欢他们，他们都可以不在乎，这不得不让人佩服。对此，我很欣赏。所以，再遇到不喜欢我们的人，我们也可以不在意，因为无论怎样，总会有人不喜欢你，你会因为别人的不喜欢而放弃前进吗？

我不会。

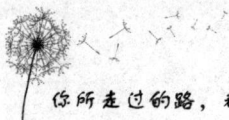

还有时候，存在着一种误解。我们总以为自己很重要，其实不是。

比如，我是情感专家，我确实可以帮到很多人，尤其是单身男女，如果成为我的朋友，可以学到许多东西，但依然有人不买账。比如，同样是写书，有些单身人士就只看某些人的书，或者欣赏一个在我看来完全帮不了他的人，我明明可以帮他，他却不欣赏我。这是一种误读。我不是万能的，所以，不是所有人都喜欢我，我觉得我可以帮到人家，但人家不这么认为，这是我们没"来电"。

所以，事情最后就归结为气场：如果你和人家气场一致，人家就喜欢你，如果气场不一致，人家就会排斥你。但如果你的气场足够大，足够强，你也许会吸引感染别人，但也可能更让人讨厌，因为你的强大，更反衬出别人的卑微，你让人家怎么可能喜欢你？

创造一种属于自己的生活方式

对你来说，重要的是发现自己的乐趣。

我亲爱的外甥！

很高兴收到你的来信。在这个微信时代，你本可以语音找我，或者电话找我，但你却写了一封很长很长的信，你说大一上了半学期，不知道未来的路在哪里，课业很重，但对你来说，也不算太难。只是你不知道该怎样选择，是继续读书考研呢，还是毕业后上班？

你说原先想考警校的，现在却学了机械自动化。考研做科研，你怕累死。我听到这句话的时候，就想，也许很多人会有这样的担忧吧。我有个朋友，典型的富二代，科大化学硕士。本可以去国外留学的，后来一想，自己也不做科研，何必那么辛苦，就没去。

我原先也想考研的，这样我可以成为一个学者，成为一个大学中文系的老师，一辈子研究文学。但我又天生热爱写作，想写一写经典的文字，当时就赌气说要走一条不一样的路，放弃继续深造，走向了社会。教书八个月后辞职，去上海，做媒体，之后漂泊到深圳，然后就是你现在看到的小舅，情感专家，也许外人看起来很光鲜，但是我不得不跟你说，这期间我走了很多弯路，吃了许多苦，这些都不是必须的。我本来也可以有另一条路。

这另一条路就是深造，发很多论文，写很多专著，成为教授。这是一条稳妥的路。我有两个同学当初就这样走的，如今都在上海，不管是否能成为名家，最起码混在大学，而我，在别人深造的那几年，一直四处飘零，浪费精力。我以为在社会上打拼，有了许多阅历，我就可以写出经典的小说，这是我当初的想法，其实并没有。

多年后，我并没有疯狂写小说，反而成了专栏作家，最后还成了情感专家。我无法成为卡佛那样的作家，也无

法成为亨利·米勒那样的作家，他们可以将人生都写成小说，而我，却只会被失业、漂泊、职场摧毁。我的整个职场生涯是伤心的，对我的人生并没有起到正面作用，反而让我的灵性被消耗，同时还搞垮了身体，耽误了婚姻。而如果我当初走深造道路，人生也许会平顺点。

而我的同学，继续深造的都学有所成，没考研的，孩子都打酱油了。当然，同学中并没有出现多了不起的人，这是事实。普通人，一生可能都不会有大的成就，更不会有传奇。我甚至看过许多老同学的生活，真的不是我想要的。我想我还是欣赏奋斗的人，追求卓越的人，我希望你能到外面看看风景，真正地出去走一走，而不是待在一个小地方，人生从此限定在单位和家庭之间。

我希望你成为一个别致的人。我有个朋友，是个女文青，但是，她将这种女文青的文艺生活发挥到极致，写点文字，看点话剧，唱点戏，栽花养草，在小城市，这种生活悠然而惬意，她可以用半天闲逛，花很多时间看夕阳，想出去旅行的时候，也可以半个月不回家，这样的她就成了悠闲生活的代表，银碗盛雪，金樽邀月，这样的生活真是太惬意了。

我另一个朋友，是传媒总裁，二十几岁才上大学，将近而立才毕业，很晚结婚，三十多岁去香港，后来做投资，又做媒体，四十五岁失业，五十岁做了著名卫视节目主持人，红遍大江南北，五十多岁跳槽，现在做自己的传媒公司。而他现在很红，成为有态度的新闻人，四处演

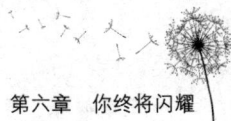

讲，都是高端论坛，交往的都是大佬名角，这样的人也活出了风采。

当然，也有做企业的。我认识很多企业家，不乏名流级别，他们的人生除了会赚钱，也会生活。我现在觉得企业家也是了不起的人，尤其是那些有创新的企业家，开拓了一个时代，时刻创新，稍有懒惰就会被打败，这样的人生需要多坚强的意志。还有人是80后、90后，也已经成了很成功的创业者，而大部分人还在读书，所以你看，有自己世界的人真不少。

我曾经跟你说过，如果你想过好生活，可以学计算机技术，因为我认为，移动互联网还会火爆很多年，这里有许多机会，金融也是很热门的行业，只要有创新，随时可以有大的发展。我是技术盲，有许多想法都无法实现，只能做作家，这是我一个迫于无奈的选择。如果再让我选一次，我也许会选择成为技术狂人，只是，我天生不是干技术的料。

当然，我现在也算活出了自己的方式，有自己的风格，我写作，做电视，讲课，演讲，做培训，很多人崇拜我，在深圳我的粉丝从政府到民众，年龄从十几岁到七八十岁，全都非常欣赏我。我是情感教父，我可以无限制地挖掘婚恋领域，不管时代怎样发展，我总能找到情感的切入口。我想，这是我最喜欢的。而我所到之处，听过我课的人，无不欢欣鼓舞。

我有自己的生活方式，比如，可以睡到自然醒，不想

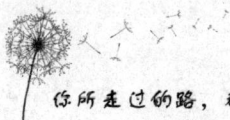

见人的时候可以不见。除了讲课、写作、签售、录节目，想见我的人我可以约在我家楼下。我做活动有人提供场地，不必祈求别人，不必委屈，也不会受同事排挤，因为我压根就没同事，也懒得管人，我遣散了我的员工；酒桌上可以不说黄段子，不喝酒。当我不想出门的时候，我就在家写作，看看书，这也是我的风格。

我的风格还包括，我看起来瘦小，内心强大，有无穷的爆发力。我可以制定游戏规则，让人们跟我学习婚恋。我做的派对引起了轰动，将深圳的相亲市场直接从城乡结合部带到纽约范儿。

但是，我为了这个风格，辛苦了许多年。你知道的，我从不是蹉跎岁月的人，即使没考研，我也看了很多书，甚至有生的日子都几乎交给了文学，才有今天。但是我不建议你学我，我是自然而然，发展到这里的，是性格使然。我是特例，不具备你这个工科学子借鉴的因素。但是，我依然希望你可以学到什么，那就是在你的领域，成为卓越的人。

对你来说，重要的是发现自己的乐趣。当然，你还小，是否知道自己擅长什么，现在还不能完全确认，你需要确认的是，如果你想做一个学者，那就必须重视学业，继续深造，有可能的话，我建议你去国外，毕竟你学的是理工科，国外深造会更好。但是，如果你不想做学问，那就早点创业，学会做市场，研究人情，成为一个文理兼备的高手，这样的人会更好玩一点。

当然，你的路怎么走，主要还是靠你，我想说的是，卓越也好，平凡也罢，最主要的是做一个快乐的人。只有快乐才是永恒的，也才是最值得争取的。有些人为了卓越而丧失了健康、婚姻家庭，甚至走向了歧途，是悲哀的，而你要避免这样。当然，成为普通人也是有代价的，那就是等你老了，你会发现，你会羡慕那些光彩夺目的人，而你什么也没有，这是你要考虑的。

祝，早日找到人生的方向，不管未来如何，此刻都要努力。

你的走了许多弯路的二舅

陈保才

2015 年 2 月 26 日

让你与众不同的东西，成就现在的你

我喜欢品味寂寞，觉得寂寞让人能沉静下来，那种一个人体味美好的感觉，真的很难向人说，那就不说。

我曾经写过一篇文章，《你的别致所向披靡》。很多人转载，留言，文章触动了他们内心最痛的那一点。

　　为什么会写这样一篇文章，因为我发现，我小时候被诟病的毛病、缺点、缺陷，如今都成了我的优点，以前不被待见的现在都成了我的别致之处，而且，甚至成了我的卖点，这完全出乎我的预料。

　　比如，我小时候最大的特别之处是：从不扎堆。我不爱跟人玩，喜欢一个人独来独往。上学，放学，都是一个人，上洗手间也是一个人，以致一度有人怀疑，我是不是怪胎。但我其实一点问题都没有，我就是不爱跟大家一起玩。这看起来是个个人问题，其实涉及到隐私。我很注重隐私的保护，这到很多年后成为珍稀，甚至很多人冒着生命危险去维护，但我却在十来岁的时候就执行了。

　　我不喜欢喝酒。从前老家逢年过节，喝白酒，大家都是几斤几斤地干，一桌八个人，都可以干掉十五六斤，最高的时候，将近二十斤。猜拳，行令，然后是喝得酩酊大醉，发酒疯，呕吐，撒野，喝坏了胃，破坏了家庭关系。这样的事，为什么要做呢？我是坚决不会做的。但是，在皖西北那样的环境里，不会喝酒的男人只会被嫌弃。但我坚持住了。而现在，不喝酒反而成了我的优点，许多女人选老公都会将不嗜烟酒作为参考条件。

　　我也不喜欢烟。我太太是非常讨厌吸烟的人。每次去餐厅吃饭，看到旁边有人吸烟，我们总会离开那家餐厅。如果有人在电梯里吸烟，我们会换一部电梯。凡是有二手烟的地方，我们都规避。亲戚里，如果有人吸烟，我们也会少见他。幸好，我不吸烟。我也讨厌在公共场所吸烟的

人，危害别人的人，我们能达成一致。这是爱的一个很好的基础。不是挺好的事吗？

我爱寂寞。总是一个人安静看书，有时候觉得自己来到这个世界也挺亏的，没有打过游戏，没有玩过牌，不爱打麻将，这样的人生是不是很无趣呢？当然不会，我从书里找到了更高的追求。至少对我来说，阅读的乐趣无可比拟。少读一本书，我会觉得恐慌。读到一本好书，我会十分兴奋，好像阅读能让人饱腹，这是精神的食粮。看过了，心情也就好了；领悟了，就感觉自己赚了，真是特别。

我喜欢品味寂寞，觉得寂寞让人能沉静下来，那种一个人体味美好的感觉，真的很难向人说，那就不说。我独自，悄悄地、静静地、隐秘地享受，细细回味，咀嚼，品尝，那不是更好的事吗？前几天看了一本书，说寂寞让一个人的人生有无限可能，真是深得我心。我很久没看到这么贴心的书了。无独有偶，我自己写的一本书就叫《你的寂寞，丰盛而美好》，也让很多人说写到极致了。

我最大的特点是不爱应酬，总觉得人际关系消耗精力、才华。有那么多时间去搞办公室斗争，不如多干点活，看点书，写点东西，做点实事，让自己更强大。基于这个原则，我上班后，从未干过办公室斗争的事，假使有人背后整我，挤对我，我也不打击报复，最多不理他就是。而且，越是有人整我，我就越奋斗。因此，当别人都在做编辑的时候，我已经写了很多书了。这思路和周杰伦一致，他有一次受访说，如果他有时间在乎人际关系，那

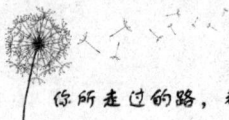

他就没时间创作了。

而我最最别致的地方是，我是一个温柔的男人。以前我爸爸都说我不够勇猛，比如我冬天怕冷，会将上衣领子竖起来，老爸就说我没活力。我不爱打球，不善运动，不大男子主义，我懂得女人的美，也懂得她们的爱好与品位，知道她们心里的忧伤与渴望，我不强悍，不凶狠，不霸道，温柔细致，善解人意，这些以前看似缺点的，现在都成了优点。

比如，我的身份是爱神，情感教父，也就是婚恋专家，那么我这个脾性、性格、脾气，就让我有了超越男女两性的可能，我深刻理解男人的一切荒谬与伟大，也知道女人的渴望与梦想，明白男人的爱好与麻烦，也体悟女人的虚荣与无奈，这些都让我的研究具备自由的特色，成为沟通的桥梁，而不是像有的专家那样，只能站在一个性别，一个角度看问题，不是像他们那样狭隘，局限，甚至偏狭，偏激，这是我最核心的竞争力。

我现在所到之处，都是欢迎的掌声，人们并不会因为我瘦弱而否认我的才华，反而觉得我是最正能量、最开豁的人，我修炼到家，所以能开阔地认识这个世界，温柔地对待这个世界，让他们都感到我是一个温暖的人，这是我最想要的感觉。而以前，人们总觉得我瘦弱，不高，甚至有人用"瘦小"形容过我，但是，当年觉得我瘦小的人今天要跟我请教情感问题，当年看不上我的人今天会深深为我身上爆发的能量震撼，这是时间赐于我的成就。

　　这就是我，一个与众不同的我，一个充满创意的我，一个特别的我，一个不屈服的我，一个曾经看起来非常虚弱、脆弱的我，一个意想不到的我，终于成为众人爱慕的我。

　　所以，你也可以努力，你的所有与众不同的态度、性格、特性、特质，都不要刻意改掉，甚至不需要管它，只要努力，总有一天，它们都会成就你。

三十三岁，我的伟大与失败

　　　　交换过来的人生也有许多麻烦，痛苦，所以，大概没有完美的人生吧。

　　我今年已经三十三岁了，是个小中年了。这个年龄是不是有了一些细微的变化呢？也许你没注意到，就像溪流慢慢地流过山谷，树叶慢慢地变黄，小鸟在楼下的公园里歌唱，你觉得习以为常，不以为然，甚至看不见，但变化却一直都在。

　　回望过去，不禁惊悚，甚至有点恐怖。吃惊自己，怎么就三十三岁了呢？怎么这么快就过了小半生呢？我几乎都还没体会完青春的醋畅，几乎都还没干过坏事，青春就过去了？另一层恐惧是，前不久刚过了春节，春节总让人

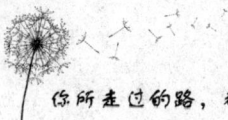

想起人生的成绩，而我，至今还没什么成绩。出了十几本书，做了很多电视节目，线下讲了上千场课，受到很多人欢迎，但是，我好像依然不够快乐，不满意，因为我觉得我想要的还没真正到来，我还没有真正大红大紫，我说的是红遍全国，老少皆知，这种程度还没达到。

当然，情感专家是小众，只对婚恋人群，甚至只受大龄单身男女关注，他永远不可能像明星一样，所有人都关注。张爱玲说，出名要趁早，一个人二十岁就红，他可以借此名气做很多事情，出入各种派对，觥筹交错，衣香鬓影，艳遇也好，真情也罢，他的机会会多，而当一个人二十岁在奋笔疾书，那失去的青春的欢乐是无法挽回的。

到了三十岁，或者三四十岁，再红，你也不会膨胀了，你会自然而然地变得淡定，稳妥，得意忘形的样子不会出现了，张狂的面目不会有了，随心所欲的事也不会干了，活得矜持、理性、睿智、高远，甚至有点冷，因为已经都看透了，反而不高傲了，于是，你撇开名望，继续前行，继续奋斗。

三十三岁，我还完了房贷，买了一辆小车，虽然无豪宅名车，但总算也完成了有房有车的重任，算是完成了一个人生的交代，不至于让人觉得前途无望，压力太大。但是，还没有达到我想要的生活。我想要的是锦衣玉食，最起码，发红包的时候可以更豪爽一些，让所有认识我的人都获得一份惊喜。过了三十三岁，越来越觉得对别人好，反而是一种幸福，有本事为他人带来益处，是幸福的一部分。只有紧缩的人生才不会可怜巴巴。所以，赚钱依然是人生的要务，虽然很多人觉得没钱也会幸福，但那种幸福也不彻底。

过了三十三岁，不会再积极地讨好任何人，不会热脸贴冷屁股。话说，我年轻的时候也没这么干过啊。不仅如此，年轻的时候还孤高绝世，压根就没对任何人低过头。正因为年轻时候没干过，三十岁后更不会干。因为知道，人与人之间的缘分在气场，有共同点，如果他欣赏你，自然给你生意做；如果他崇拜你，喜欢你，自然来请你讲课，如果他看好你，自然来请你做节目，当然，你得优秀，得有实力。

这还不是一般的优秀，一般的实力。一般的才华，总会被取代。你要有特别的才华，让他们怎么都绕不开你，总会想到你，总会需要你，这样他们就会不断地来请你。所以，奋斗依然是不可停歇的事。青春不再，奋斗依然。这样，你便将永远保持年轻。

过了三十三岁，开始想家。以前会觉得以后有很多机会，现在会觉得时不我待，日子一天一天减少，你能回家的机会还有多少呢？我很惭愧的是，今年春节又没回家。那好，我就五一回家吧，十一回家吧，反正要多回家，要多陪爸爸妈妈。甚至时刻想，要是能和父母住一起，那就是最大的快乐。过了三十三岁，越发觉得陌生人，认识再多也没意义。此生此世，不想再发展更多的友情，只想将已经拥有的亲情，维护好，爱惜好，这就已经很难得了。

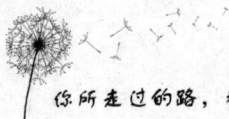

　　过了三十三岁，只想对一个人好，好到极致，极点，甚至好到极端。谁都不想了，只想她一个人，她的安危，她的健康，她的快乐，是否可以让她过得更好，如何更多地宠爱她，怎样才能让她觉得找你是一生最大的幸运，这都是你要想的事。那些吃着碗里看着锅里的事，那些骑驴找马甚至墙外开花的事，都是不负责、爱欺骗的人干的事，我这样的人是不会想的。

　　过了三十岁，只想让爱情银行里多一些储蓄，而这些储蓄只跟一个人有关，那真是美妙的事。等我老了，看看"银行"的户头里，居然有那么多情感财富，那真是美好的感觉啊。

　　过了三十三岁，但是，我还没有生孩子。生孩子这件事，真是一件大事。我本身当然是想要孩子的，男人的本能。父母当然着急，但我也没有办法，生命已经很晚了，随之而来的一切都要往后推，提前不了，这是上天的安排吗？

　　所以，有时候也会想，到底什么样的人生才是最好的呢？有个作家写了一部小说，说如果你不满意自己的人生，你可以和人家交换，可是到最后，发现交换过来的人生也有许多麻烦，痛苦，所以，大概没有完美的人生吧。

　　过了三十三岁，开始想，我的人生，有成功也有失败，有完满，也有缺憾，不过，这不就是我的人生吗？我真实而伟大的人生，我失败而可爱的人生，我一刻也放不下你啊！

天赋就是你不费力，并且可以做得很好的事

我想，找到天赋是成功的开始。

李健大红大紫。其实我很早就发现苗头，因为接连看到几篇关于他和她妻子的文章，《遇到你是我最好的时光》。录完深圳都市频道的《第一调解》，我和经文侠律师一起送一个小美女回莲花北，我说，李健最近很红，小美女说，可能他比较帅吧。

其实，那时候他刚红，后来看几个同行都在写他，他们是被逼的，被绑架了，因为朋友圈全是李健，他们不得不写。但我这人有坚持，凡是很火的人，我基本都不写。

不过，这两天看到李健在《开讲啦》里的演讲，说到红与天赋，让我忍不住写下这篇文字。

李健说，他高中时不费劲都能取得很好成绩，但到了清华，他发现不一样了，比如，他英文阅读理解有难度，但有个同学居然可以暗暗点头：这篇文章文笔不错！那就是说人家已经到了鉴赏识别文笔好坏的程度了。数学，有人拿 96、98 分，还有人拿 105 分，因为做得好，老师另外加 5 分。可是，你拼死拼活却只能得六七十或七八十分。这就是差距。人家有天赋。李健发现，这不仅是

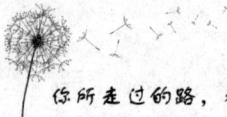

一二十分的差距，而是天赋的问题。于是，他开始想，他的天赋在哪里，而那时，他发现自己唱歌就很与众不同，只要参赛，就会拿奖，这是他的天赋。

他说，很多人学吉他，都是为了追女孩子，而他不是，他是真的沉浸在音乐里。这两点我都深有感触。我记得，小学时，我数学也非常好，尤其是应用题，什么一个水池一边进水，一边放水了，几分钟之后，这个水池还有多少立方米的水之类，我都很擅长，我们数学老师喜欢研究奇怪的难题，我也有强烈兴趣。甚至全镇抽考，我数学还拿了奖。初中，我忽然迷恋上写作，数学一度不是很强，有个老教师就说我偏科，我很不服气，一用功，数学就上去了。但是我觉得我没有灵光，语文我从来不下工夫，随意翻翻就会背了，看一遍，就全懂了，别人非常不理解的词句，我一下就明白了，还有特别发现。

我记得初三数学考试，有一次所有人都考砸了，大家都不及格，包括平时理科很好的几个男生，都没考及格，而我却考及格了。全班五六十人，只有四五个人及格，而韩争光却考到八十多分。所以，你看天赋就在那时显现了。只是，我们那时候还不太明白。

初三，学物理，老师在台上激情飞扬，我在内心焦虑。后来看他们都预习了功课，原来我是没预习，所以老师上课讲的时候，我就不明白。有个同学是留级生，他爸爸就是我们物理老师，我就请教他问题，后来我埋头奋战，钻研课本，中考满分100分，我物理居然考到96分。

而我的化学不好，80多分。但其实已经很棒了。不过，这又怎样呢？我父亲会接电线，换灯泡，我却不会，分不清正负极，不敢换，怕爆炸，怕触电。

上了高中，我戒了一年多的文学梦再次爆发，于是，我在物理课上看三毛，如痴如醉，买了很多《作文通讯》、《中学生优秀作文选》、《辽宁青年》、《中学时代》，天天写稿投稿，物理老师也是班主任，崇洋媚外，老说中国不好，我反感他，就更抵触物理。因此，物理考试，我只考了45分。这个时候，想发奋用功补上去，已经很难了，因为高中物理很抽象了。何况，我真的一点兴趣都没，看不下去。而其他同学则学得兴味盎然，轻松潇洒。我想，这就是天赋吧。我志趣不在那里。因为那时候有文理分科，我想可以上文科，就放弃了理化。如果不分科，我应该会像初中一样，发奋把物理和化学学好，只是，那又要耗费多少时间啊。

上了文科，数学成绩依然不好，150分的题目，别人可以考到130多、140多，我总在100多徘徊，最多110多，偶尔还掉到八九十。为了不拖后腿，我花了很多时间在代数和立体几何上，有时为了一个方程式，为了证明一个几何题的解法，我会苦思冥想一两个小时，越是难题越要去解决，消耗青春。几乎把语文、英文等的时间都占用了。高考结束，我居然不偏不倚得了90分，刚及格，和我最初的估分只差4分。我想，这是我对自己的清醒认识，我知道，我只能那样。而语文，即使我半年没认真

学，依然可以考到很高。

我上大学的时候，我堂妹上高中，她问我代数问题，我全神贯注，很怕解不好没面子。公式是全忘记了，让她找到相关公式，费了九牛二虎之力，终于解决了，我松了一口气。如果是有天赋的人，应该记得公式和原理，应该很快搞定。现在，关于数学我是全忘记了。工作之后的很多年里，我依然还会做梦，梦里的我总是在考场，交卷的铃声响了，我还有几个高难度的数学题或附加题没做完，心里发慌，这是我的真实写照，当我在职场备受折磨的时候，我就会做这个梦，前后有不下几十次。

现在我终于不再做这个梦了，因为我找到了我的天赋。写作毫无疑问是我的天赋，我小学五年级就发表了作品，那时候我除了语文课本没接触到一本课外读物，也没读过文学名著。前几天偶然扫到某当红畅销作家的文字，他说自己大学时代才被人带领着写作，投稿，另一个 2010 年才开始写专栏，而我 1993 年就发表作品了，2002 年就写专栏了（西安当时有个《大舞台》杂志，2007 年正式给《羊城晚报》和《女报》写），所以我的起点是很早的。

有人说他一天写几千字就是高产，我可是一下笔就上万字，文思哗哗地涌现出来。沈宏非说王小山半小时搞定一个专栏，我不客气地说，我十分钟就能写完一个专栏，千字文。写作从来就不是我的难题，我能连写四五篇专栏，灵感从来用不完。如果不是考虑到身体健康，要起来活动活动，屁股坐得疼，我估计我可以一直写到七八篇。

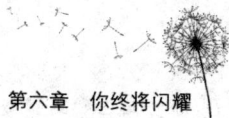

2013年年底到2014年年后，一个半月，我写了30多万字，也没有耽误过年，但我真的挺轻松就完成了。

这一两年，我爱上了演讲。我演讲从来不打草稿。人家一个主题讲一辈子，我随时张口就来，开口就几个小时。任何一个场合，任何一个时间段，只要上台，就会完成一篇理论新颖、观点独到、论据充分的演讲。难道是遗传？我父亲就是语言大师，红白喜事，不知道帮人家张罗了多少。跟婆婆吵架回娘家的小媳妇，不肯回来，闹离婚，我父亲一去，她就立即回来了。她公婆、队长、书记，谁去都不行，丈夫道歉，哭泣下跪，全都不行，但我父亲的话，她们听。我原先只是沉浸在文字里，忘记了语言的表达，因此，我一度是个口拙的人，但当我创业后，成为情感专家后，我发现了我的语言优势，几乎是一夜之间，我成了善谈的人，健谈的人，口若悬河的人，滔滔不绝的人。这就是你有那个天赋，时间一到，扭开开关就好了。

我没上过培训课，但我直接给人家上课了。人家都是讲师，我直接就是导师了。我没学过心理学，甚至没看过心理学的书，除了大学时翻过《教育心理学》（其实我也没怎么看，不喜欢条条框框的东西），但现在很多心理老师向我请教婚姻问题，有的离婚后来找我求教。心理学的东西我都在用，只是我不用他们的术语罢了。他们懂的我都懂，他们不懂的我也懂，因为我融合了文学、社会学、心理学、传统文化、国学、人际关系、传播学、时尚、娱乐、现实社会，我完全通了，这是我自己修炼的。我想，

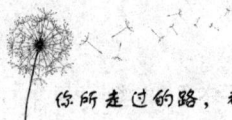

这也是天赋的一个方面，你无须刻意学习，你自然而然，无师就会通。而如果不是你的天赋，你费劲心血，耗尽生命，也依然很难取得好成绩，就像我半夜两点还解析几何题，长期伏案背都驼了，也还是无法拿第一。

我想，找到天赋是成功的开始。而李建说，他当年参加活动，F4 和陈冠希都人气很高，而且他们的外型都很帅气，尤其是陈冠希，又会表演。那时他像个落寞者，而如今他大红大紫，F4 和陈冠希都不知道在做什么。他 39 岁才真正大红，他反对张爱玲说的出名要趁早，因为太早就会没时间积累。我想，我也在积累，世界于我还有时间。我从来不急。只要不死，就会有传奇。

有些人的人生就是比别人晚，那又怎样？

上天想给你的，早晚都会给你，不用急。

昨晚和歌妮聊天，我说我们要个小孩吧。再不要就真的来不及了。你看，我大侄女和二侄女都做妈妈了，你和我都是做姥爷姥姥的人了，再过两年，没准我外甥也要做爸爸了，他今年大一，目前正在谈恋爱阶段，大学一毕业就做爸爸的可能是有的。如果我们再晚，你侄女也可能要做妈妈了，毕竟她十七岁了。歌妮也觉得，是哦，怎么我

们都做外公外婆了，却还没做爸爸妈妈。

　　说起来，这就是人生。有时候我和歌妮聊天，她说，你要不离家闯荡，孩子早已十几岁了吧。真不知道你这样是好是坏呢，耽误了那么久。我说，我这么晚还不是为了遇见你。两个人就笑。我们很相爱，但我们有时候会为对方着想，你要早点结婚多好，不然也早做爸爸（妈妈）了。然而，这都是没法的事。时光就是这样安排的，不管早也好，晚也好，反正已经无法逆转了，就过好今天吧，过好现在。

　　其实，有些晚是我们无法把握的。比如，我十岁才上小学。我记得，我六岁的时候，看着同龄的小伙伴去报名，我说我要上学，父母说明年吧。第二年，我又说，想上学，父母又说，再等一年吧。就这样我晚了三年，第四年，我终于去上学了，可是我的同龄小伙伴已经上二年级了。其实是当时家里经济条件不太好，大哥和姐姐在上学，父母也许觉得晚一年上学会省一点学费，其实是一样的，早晚都要交学费。

　　上大学的时候，喜欢班上最白富美的女孩，而其实我是一个文学青年，也就是屌丝，那么，当保尔遇到冬妮娅，即使两人能聊得来，也只是表面上的能聊得来，内里，也还是有先天生活的差异，一个农村小伙子遇到一个城市姑娘，两个人的生活观念，为人处世方式，以及展现出来的气质还是不完全一样的。所以我们没法走到一起。

　　大学毕业，在亳州教书，有对我好的女同事，也有欣

赏我的女学生，但我想做个作家，想去上海，于是我教了八个月的书就辞职去了上海。我本来以为，这是梦想的开始，却没想到，这是漂泊的开始，从此，我就陷入了文学青年的漂泊岁月。从上海到深圳，跌跌撞撞，摸爬滚打，人生就被耽搁了。2004 年，我在上海，看到街上一个俊美的男子，带着一个三四岁的小男孩，忽然就觉得悲伤。我长时间地注视他，仿佛这个世界上他就是胜利者，而我是一个失败者，因为我那个时候已经觉得晚了，而我的灵魂伴侣还在寻觅的路上。

2005 年我到深圳，由于文学青年的性格，职场一直混得马马虎虎，收入不多，当然无法买房，那时候我也不懂理财，也没市场意识，只知道看文学书，写字。情感生活上，谈过好几场恋爱，都没走进婚姻。而且，有一次即将要结婚了，却因为经济问题，弄得两人都很疲惫，最后伤心分手。于是，我继续寻找，直到 2009 年，碰到我现在的太太，热恋两年，2011 年结婚。

这之后，我的事业有了起色，人生有了转机，尤其是当我辞职后，情感专家的身份确定，信心与自由同时到来，生活宁静而开心，我想，这是我现在的最大收获。

不过，我唯一的遗憾是，我还没做爸爸。有时候想想会觉得失落，但又想，这也不能怪我，就像我和歌妮说的，人家一毕业就结婚，我却要过了六年，从安徽到上海，再到深圳，绕了这么远才能遇到你，或许，这不可控的、不可预知的未来就是所谓命运。

246

　　而有时候这种命运源于性格。比如，我某天去讲课，本来是讲婚恋，结果好多人问亲子问题。一个经济师遇到婚恋问题就让我回答，事后我问，你的孩子应该很大了吧？为什么不回答呢？他说，实话实说，我孩子才一岁，没一点经验。我本来以为他孩子上大学了，便问为什么，他说，当年只想找最完美的恋人，理想主义，到了四十来岁，也没找到最爱，而人生已经晚了，于是，最后就找了一个合适的人结婚，最爱不知道在哪里呢！

　　像这个经济师一样的人很多，他们出于各种原因，晚婚晚育，而且，由于做婚恋研究，我经常接触许多大龄单身男女，有的 60 后还没结婚，70、80 后剩了大把，那么多人单着，不是他们的问题，是这个社会的众多因素造成的，想想也就想开了。不过，有时候看到那些早婚的人，还是很羡慕人家，比如我有一个朋友，70 年的，儿子都留学了，交了女朋友，随时可以结婚的样子，随时可以当爷爷；而他老婆又生了一个小女儿，他还那么年轻。歌妮的小妹二十多岁结婚，两个孩子一个十岁，一个五岁，都在香港读书，看着那孩子，就觉得是一种成就。

　　不过，这些都是赶不上的了。

　　明星里也有单着的，有一天看著名主持人华少采访林志玲，她说她上中学的时候就想做一个全职太太，但她却成了励志女明星。一个很想结婚的人却过了 40 岁还单身，她妈妈说，如果你想生 baby 就最好早一点结婚，但她把控不了。爱情这事情，无能为力。那个命定的人什么时候

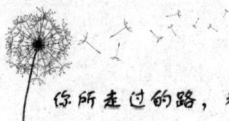

来，你掌握不了。

　　而且，晚婚晚育也未必就全都是缺点，比如，我居然还可以这么自由，当做了爸爸的朋友为孩子们忙碌的时候，我却还可以追求自己的梦，这真是不可思议。甚至，我还可以偶尔像个少年人，任性一点，天真一点，没有过早被为人父的重任压垮，这也是对我写作有裨益的事。

　　所以，凡事都有利弊，那些还没做爸爸妈妈的大龄单身男女，也该想开点，世间的事自有安排，有些人的人生就开始得比较早，而你们则属于较晚的人，但是，这并没什么了不起，早有早的好处，晚有晚的价值，最起码，你收获了一些单身的时光和自由。

　　而且，我想命运一定是公平的，他让你等了那么久，一定会给你更好的惊喜，一定会让你更甜蜜。

做最不一样的烟火，做最坚强的泡沫

　　　　我依然会奋力前行，同时，保持着我的独特和寂寞，保留着自我！

　　在街上遇到一个旧同事，我转过身的时候看到他，他没看到我。等我迈出两步左右的时候，他转过来了，看到我，相互打了招呼。然后，我们一起走了一小段路，他要

去取停在麦当劳门口大树下的自行车，而我要去对面的酒店演讲，我们淡淡地道了别。

我们有过将近四年的相处，但是，我们的关系并不亲密。我是属于那种人，无论在什么地方，什么环境，都很少和人特别亲密。和他不知道为什么，也没有亲密起来。编辑部里，五六个人（有时候六七个，七八个），男的除了老大就是我和他，隔壁部门的两个男编辑都很亲热，但我和他，却从来也没热烈过。也许因为彼此都深藏骄傲，也许因为都不是善于周旋的人。他属于那种相当随和的人，不显山不露水，让人觉得是好青年。而我，是那种独来独往的人，内心无比热烈，但不善表达，容易让人误解为孤傲，所以我们的四年里，他兢兢业业做着编辑，我认真做好工作之余，拼命写着专栏。本来也没有大矛盾，因为当时的老大挺会平衡，即使大家私交不深，但也没隔阂。

隔膜是从 2008 年开始的，老大调走，换了个女生做主任，年终评奖，我发稿量第一，按说，是优秀员工，但有人写了帖子，说我让订户将钱打到我这里，其实是我的读者和朋友要订杂志，120 元一年，转账不方便的，我就让他给我手机充值，我自己掏钱给他垫上订杂志的钱。这是在办公室打的电话，所有人都可以听到，我以为这是灵活处事，这是创新。但没想到有人颠倒黑白，如此污蔑我。帖子发在杂志的论坛，出现了几分钟，被另一个编辑部的同事看到，告诉我们部门，主任向领导反映，然后，我的优秀员工就被取消了，这优秀员工就给了他。我是不

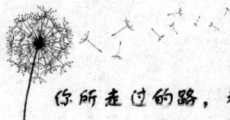

服气的，我发稿第一。而按照杂志规定，杂志订阅任务完不成的，也没资格评优秀员工，而他没完成，却评上。我傻傻地找到总编，但说也白说。

我觉得不公平，从此有了隔阂。我觉得那可能是他们的一贯伎俩。因为这个帖子是一个读者发现的，读者告诉隔壁部门的同事，那同事告诉主任，主任没询问我具体情况，没调查取证，直接向副总汇报。而发现这个帖子的是他关系比较好的一个读者，来过我们办公室，和我陌生。所以，这怎么看都像一个策划，一个阴谋。在当时我的看来，显然是针对我的。虽然没有确证，但心里自此有了芥蒂。

我开始更拼命地写作，出书，搞外联，我参加了很多时尚发布会，认识了很多朋友，我要走出这家杂志，我不想待在这里。那是我最郁闷的时光，从2008年到2011年，我的发稿越来越不顺，总感觉自己被压制。到最后，几乎发不了一篇稿子，好几个好作者都失望，稿子改过，都没发掉，最后就灰心了。收入锐减，想辞职，又没好的出路。我向来不会吹牛，即使那时已经写过两本书，成为情感专家，有无限的创意和想法，但也不知道可以去什么地方。我从来不擅于推销自己，也不擅长和招聘单位谈待遇。所以就隐忍着。我更加拼命地写作，我要扬名立万，离开这死气沉沉的地方。

2011年秋天，我终于鼓起勇气辞职，去了一家财经杂志，百般努力，依然看不到希望，做到11个月的时候，便辞职，创办了《睿财经》杂志和文化公司。2013年做了一年财经和婚恋，出了第三本书。2014年，连续写了四五个月，写得差不多了，有人请我做电视，演讲，从此一发不可收，情况越来越好，大受欢迎，知名度大幅度提升。这是我现在的路。

　　其实，早在2013年，我就得知他辞职了，去了一个地铁周刊，我当时就觉得我辞职是对的，最起码，我不用再给任何人打工，不会三十多岁的时候还做记者；又过了不久，得知那个主任也辞职了，还有两个人也离开了。我心里忽然得到释然。当初我辞职的时候，感觉挺失落的，好像他们和这个杂志会做得很久远似的。不到一年，他们也就七零八落了。

　　世间确实没有永恒，什么东西都无需执着，他们当初好又怎样，受公司待见又怎样？还不是"鱼肉"，何况，有时候，那表面的平稳也是假象。我不知道罢了。

　　他问我去哪里，我说见一个朋友。我是个诚实的人，但我不想告诉他我去讲座，我渐渐地学会了低调，以前上班的时候我倒从没低调过，写专栏出书，接受采访，毫不隐藏，遭人嫉恨。

　　我问了他现在的情况，他说现在的单位比X杂志还复杂，说起以前的主任，他说她母亲得了大病，做着也没意思，就辞职了。我心里忽然全都释然了，反而生出一丝悲悯。那一刻，我忽然原谅了他们，不管他是否打过我的小报告，不管她是否给我穿过小鞋，此刻，都不重要了。其

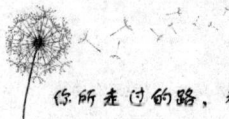

实，我早都没在意了。只不过，这次是个彻底的清除。

晚上，我演讲完，在电梯里遇到 X 杂志的美编，他十点了还在加班，满腔抱怨，他说，估计要不做了，三本女性刊变两本了，发行和广告都艰难得要死，几乎做不下去了。我一点都不吃惊，这是我几年前就料到的事，所以我当初义无反顾地离开，而且，我很后悔 2008 年没有辞职，要不然，我应该早一些找到自己的路。

不过，一切都是最好的安排，2011 年辞职也不晚。至少，我现在已经找到了自己的路，我不需要受任何人的钳制，我开始收获掌声，去更广大的世界，做电视，做演讲，接受采访，生活展现了无限的可能，事业有无限的希冀和前景，这是我的骄傲，也是我勇于蜕变敢于放弃的收获。

我依然会奋力前行，同时，保持着我的独特和寂寞，保留着自我！

那些非走不可的路

——有些路你非走不可，但不是弯路！

张爱玲有篇小文章，《非走不可的弯路》。说年轻的时候，想走一条路，母亲拦住她，你真的要走那条路吗？那条路不好走。她不信。母亲说，我就是从那条路走过来

的，你为什么不信我？张爱玲说，既然你都走过了，为什么我不能走？母亲说，因为那是弯路。她很固执，还是走了。多年之后，看到年轻人再那样走，她也说，那是一条弯路，最好不要走。可是年轻人也不听，还是要继续走。

张爱玲由此感叹，在人生的路上，有一条路每一个人非走不可，那就是年轻时候的弯路。不摔跟头，不碰壁，不碰个头破血流，怎能炼出钢筋铁骨，怎能长大呢？

这看似很鸡汤，不是吗？张爱玲很少写鸡汤，可是人生就是这样，有些路，非走不可，即使别人说，前路有荆棘，或者那条路走不通，可是自己就是不信，非要走一趟不可。但这不就是青春吗？青春就是任性，就是自我，也就是相信自己伸手就能碰到天，这是狂妄，也是自信，可爱的青春的张狂，如果没有这些，怎么算青春？

我想起我十四岁那年，家里想让我上中专，因为中专毕业就可以上班，稳定。而高中还要继续读三年，是否能考上大学是未知数。我想读高中，但孝顺的我又不想拂逆父母，煎熬下报了中专，可是，在志愿表被送到县教委的最后一天黄昏，我骑自行车跑了十几里路，将中专又改成高中。就这样我上了大学。

毕业那年，我想做记者，我发了很多文章，但却没机会进报社。一个长辈说，当老师不是很好吗？但是我就是想做记者，就是不想当老师。

工作八个月，我想辞职，妈妈说，教师工作安稳，你去了上海万一没有工作怎么办？可是，我不管不顾，就

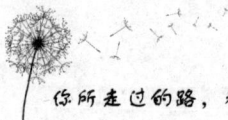

那样去了。兜里只有200元钱，现在想想，真是勇敢得可以，天不怕地不怕，200元钱够干啥的呢？其实我真饿过肚子，一天只吃两顿饭，一碗炸酱面就让我泪流满面，但是这么多年，也还是过来了。

如今，回想走过的路，觉得这一切都是天意，都是非走不可，非要上高中，非要当记者，非要离开小城，非要漂泊，非要当作家，非要自由，非要创业，凡是该发生的，终究都要发生，你挡都挡不了。这种天意，不是宿命论，而是知道，你内心想要什么，或者你想成为一个什么样的人，你是什么样的性格，你的所有气质、天赋、性格，都决定了你的命运，你只能这么做，必须这样走，除此，无路可进。

这就是非走不可的路。但不一定是弯路。因为弯路是因为迷茫，因为不够了解自己，因为鲁莽，因为愚钝，因为内心偏狭才会走的路。如果足够理性，如果确定知道自己要什么，如果能多一点智慧，是可以避免走弯路的。

同样是青春，为什么有些人走得顺畅，有些人一路跌撞，其实，就是智慧和情商啊。我青年时候走了一些弯路，主要是那时自己太偏执，只认准文学，而且，不善于交际，还好我是搞文字工作的，这些经历都可以成为我写作的题材，要不然，走了这些弯路，真是亏大了！

所以，年轻人，勇敢地往前走吧，有些路，非走不可，但不一定是弯路！

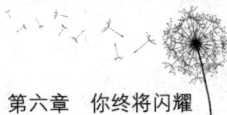

请与自己温柔相爱

> 一个人真正成熟的标志是，与自己相爱。

一个人真正成熟的标志是，与自己相爱。这是我多年后才忽然发现的。

你爱过自己吗？你是什么样的人？你喜欢什么？你最性感的部位在哪里？你了解自己吗？当你了解了自己，你会爱上你自己。

早上起来照镜子，觉得我那张脸还真的蛮别致的，真的，最起码，五官棱角分明，硬朗清晰，嘴角上扬的样子，真是帅极了。真的，我好喜欢这样的自己。每次当我出门讲课或录节目之前，我都会照一下镜子，收拾一下自己，发现自己真的蛮帅的，那就好，有了自信心，心情大好，未来一定会更好。

一直没有腹肌，最近开始小跑步，打了几次篮球，终于有了一点点小腹肌，看着欣喜。真的，我学生时代都不知道在忙啥，怎么没想到锻炼出腹肌让自己看起来更有男人味一点。那时候完全没感觉，觉得恋爱就是那个人欣赏你的灵魂，爱慕你的才华，懂得你的温柔，完全忘记了，恋爱需要外型帅气，内心痞气，需要你性感，需要你强大

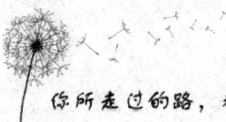

的胸肌和性感的身躯。而我当时只活在爱情是灵魂的吸引的幻觉里，真是被琼瑶阿姨给害惨了，被文学书给迷倒了，现在想想，真是迟钝啊。

不过没关系，现在爱上自己，还来得及。

爱自己，便不会苛责，我为什么不是高帅富，为什么我天生没有"电眼"？为什么我的脸是这样？没有高大的身材，不够伟岸；当你不再苛责自己，你就能接受自己，原来，我这样挺好的。

我这等身材挺好的，不会摇摇欲坠，不会显得东倒西歪，灵活，灵巧。

我这等体重挺好的，不会走路喘气，不会爬楼梯喊累；当别人都拼命减肥的时候，我却能怡然自得。

我这样孤独挺好的，最起码，我有大把的时间可以做自己想做的事，比如，把《红楼梦》看十遍，把《挪威的森林》看十遍，把《了不起的盖茨比》再看十遍，把一首歌听到二十遍，把自己忘了，把时间忘了。

我这样自由挺好的，不需要讨好任何人，不需要应酬，不需要去酒吧、KTV，不需要陪客户，不需要找资源，不需要公关，不需要让别人下单，就做我自己，该来的都会来，修炼到家，自然有机会。

我这样自恋挺好的。我如果不喜欢我自己，我会喜欢谁呢？我品格高洁，人格有洁癖，我不喜欢钻营，不混世界，不爱人际斗争，我没有官本位思想，我不苟且，更不苟活，我这样好，十个人里能遇到一个我这样的就了不起

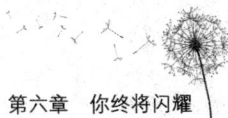

了，我当然会爱我自己。

我不临水照花，但我知道我有自己的坚持，操守。

我不天天吹牛，但我知道自己的长处和优势，知道自己的兴趣和天赋。

我不怕别人批评，因为我每日都会三省，我深刻地知道自己，有时候也爱虚荣，需要别人赞美，无节制地赞美，越多越好。我爱听好话，不管是谁，只要是好话，让我舒服的，照单全收。

对不熟的人，我很难付出热情，让我寒暄客套，我可能真的干不来。有时候，对人可能表现出了高冷，那不是我高傲，而是不想让你觉得我热情无比，承诺你许多然后又无法兑现，不想让你失望。我给你的是真实，绝不虚伪。

当然，我也知道自己有缺点，比如，牙齿不够整齐啊，瘦啊，没有健硕的身材啊，可是，人都没有完美的不是吗？我要真完美了我还用写作吗？我早去演艺圈混了。

我也有懒惰的时候，小说断断续续，四五个不同主题的小说，同时开写，但每次写到四五万字，总会搁置，坐不住，写专栏我一蹴而就，出手成章，写完就可以关电脑，但写小说，我累死累活，汗流浃背，全身心投入，整个肩膀都坚硬了。

我也有矫情的时候，比如，人家请我讲课，如果条件不够好，我会不想去，如果招待不热情，我会觉得没意思，我需要被热情接待，照顾周到，体贴入微，如若不然，我下次可能就没兴趣了。

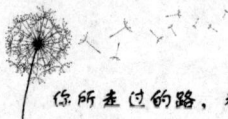

我也有自满的时候，比如，总觉得自己写得挺好的，没有大红大紫是缺乏包装，如果机会够好，我一定可以红得发紫。

我也有任性的时候，有个朋友，不来找我，我也不去找他，就憋着一股气，觉得自己没必要主动示好。或者说不愿意委屈自己，这也是倔强啊。

有人告诉我，你可以去找他啊，为你所用，我知道我去找他，可以获得更多，但我宁愿自己摸索，也不要去，这叫不识时务。但这就是我啊。

有人说，你要与这个世界和解，其实，我觉得你更应该与自己和解。原谅自己这么多年犯的错，原谅自己的冲动，莽撞，原谅自己没有去上培训课，没有拿乱七八糟的证书，原谅自己一直闭门，独自钻研。

原谅自己的单纯，不谙世事，原谅在职场的独来独往，原谅自己不会搞办公室政治，原谅这么多年的动荡、漂泊，吃的苦，受的累。

原谅所有的不对，所有的是非，原谅所有的曲折和艰难，只有那些才成就现在的我。

人说，要与这个世界温暖相拥，但我说，首先要与自己温柔相爱，爱上自己，喜欢上自己，对自己好一点，温柔一点，当你足够坦荡，你就会顺畅。

与自己温柔相爱，就是发现另一个自己，一个更高贵的自己，优秀的自己，时刻鼓励自己，鞭策自己，我可以变得更好，成为一个更好的人。

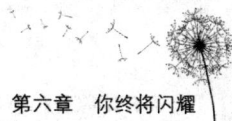

生命是一出励志大戏，精彩从爱自己开始！

才华是最好的通行证

　　　　　　　"除了我的才华我一无所有！"这真是太牛了。

　　某天看到一个标题，最硬的关系是人品。这文章有点站不住脚。有时候，人品好、未必就能在职场立住脚。如果你人品好、水平差呢？老板肯定让你走人，尤其是私人企业，老板都指望着你给他创造巨大利润，你水平一般，他白养你干吗？

　　人品好，水平高也未必能得到提升、提拔，甚至被排挤、嫉妒，拍屁股走人，也是常见的。这么说吧。我曾经工作的一家杂志社，六个编辑集体请辞，向总编说要么留下他们，要么留下主编，让总编选，总编舍弃了他们六个，让主编留下。你能说这六个人人品都不好吗？这六个人里，有的水平非常高，专栏写得很棒。有的还是总编的心腹，但在总编眼里，他们跟主编是没法比的，所以得弃卒保车。

　　人品好，有时候不仅不能带来好处，还会带来坏处。比如，人家可以打小报告，或者无中生有，捏造，让老板觉得你人品不好；而你人品好，信奉"路遥知马力，日久见人心"，不解释，不辩驳，最后积毁销骨，众口铄金，

老板真的以为你人品不好，做了对不起公司的事，那就只有乖乖走人了。

以我在职场的经验，伤心离开职场的大都是人品好的。正因为人品好才成为眼中钉，正因为人品好，不同流合污才被排挤。我刚到某杂志社时，有个美术编辑被某主编折磨得要死，辞职时很凄凉。我跟她打交道不多，但仅就有限的几次，我就觉得她是个心地纯良的姑娘。她那时候同时设计两本杂志，我们部门的人就非常喜欢她，觉得她认真、负责，她还会带水果给我们吃，人也长得漂亮，我们老大人品好，觉得她非常不错。但另一个部门的领导就总找她茬，做不下去，她就走了。

大概五年后，我在妇儿大厦的一家公司谈事，出来忽然遇到一个人，光线不够，看不真切，但她喊我。我感觉眼熟，后来才知道是她。原来她正在隔壁舞蹈室教人跳舞。她剪去了长发，留着短发，人显得干练而阳光，完全不像我之前认识的那个忧郁女子。我们匆匆聊了几句，没来得及要联系方式就走开了。

又过了一个月，我和太太到莲花北去看一个朋友，黄昏时刻，都有点看不清人了。她迎面走来，跟我打招呼，也是匆匆地照面，然后，分开，但是却很开心。

关键是我能感觉到她的开心。

其实，我早已离开那家杂志社，做起了自由作家和情感专家。我走时也不开心，但走后则特别开心。不夸张地说，几乎是天壤之别，完全翻了一个天，完全不同的待

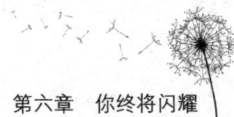

遇，不同的体验，不同的感受，无论从哪方面说，我都比在那上班时快乐一万倍。而且，有一次我在街上碰到那家杂志社的一个美编，她也跟我说，能感觉到我的快乐。她是个新人，她刚来没几个月我就辞职了，我们还来不及熟悉，交流，但她记得我，而且能感觉到我的快乐，这很有意思。

那个伤心离去的设计师，多年后成了舞蹈教练，而且那么阳光，她靠的不光是人品，还有实力、才华，有才华到哪都有饭吃。就如我大学时一位教授说：此处不留爷，自有留爷处。很多人换一个环境，遇到一个好上司，懂得欣赏珍惜他的才华，他就会特别开心。

我离开了那家杂志社，做起了自由人，再不必受人钳制，再不必谨小慎微。那种感觉不知道多爽。而我，除了靠我闪闪发光的人品，更重要的是靠我的才华。因为我是靠实力吃饭，没有实力，人品再好，人家也不会请你。写作，演讲，培训，做节目，哪一样不是靠才华？光靠人品，市场不接受怎么办？还是才华带来的阅读、收视率保证让我有收入。

说到这，想起前几天去江苏卫视做《蒙面歌王》嘉宾。其实，我就是因为写了一篇文章《带上面具，成为一个绝世女王》，而那篇文章被节目的领导看到，觉得写得独特，在理，便安排编导们无论如何都要找到我。其实我不是乐评人，而他们评论的都是李克勤、许茹芸、孙楠这些大牌歌手，如果不是这篇文章，我怎么能跟音乐节目产

生关系呢？

　　而这篇文章之所以能被看到也是因为公众号"女王很美很精致"。她的创始人戴子绚小姐在腾讯视频《夜夜谈》看过我的节目，在"女王很美很精致"开我的专栏，然后，《蒙面歌王》的领导就看到这篇文章了。我们都没见面，但文字已经让我们建立联系，文字帮我铺平了道路，打开了市场，所以，如果你问我奇迹是怎样发生的，我一定告诉你，是才华。

　　才华是最好的通行证。没有才华寸步难行。

　　写到这忽然想起那个自恋的王尔德，他去美国，过海关的时候，人家要检查他的行李，他说，"除了我的才华我一无所有！"这真是太牛了。王尔德用他的才华敲开了美国的大门，也敲开了世界的大门。我虽然没王尔德牛，但也体验到才华的妙处。

　　别的行业我不敢冒然断定，但在文学、艺术领域，才华绝对是第一要素，比人品重要！

写一张明信片，给亲爱的你：

念念不忘，必有内伤。

当女人不需要男人的时候，她就真正成王了。

幸福是吃出来的。吃到一起才能爱到一起。

爱是相互成全，也是彼此闪耀。

用力呼喊，山谷总会给你回音；大声欢笑，内心总会留下痕迹。

爱是在付出中成全的，没有付出的感情是抢劫。

爱就疯狂，不爱就坚强。

图书在版编目（CIP）数据

你所走过的路都是奇迹 / 陈保才著；-- 北京：台海
出版社，2016.8
　　ISBN 978-7-5168-1130-6

　　Ⅰ.①你… Ⅱ.①陈… Ⅲ.①成功心理—通俗读物
Ⅳ.① B848.4-49

　　中国版本图书馆 CIP 数据核字 (2016) 第 199882 号

你所走过的路都是奇迹

著　　者：陈保才

责任编辑：王　萍　　　　责任印制：蔡　旭

出版发行：台海出版社
地　　址：北京市朝阳区劲松南路 1 号，邮政编码：100021
电　　话：010 — 64041652（发行，邮购）
传　　真：010 — 84045799（总编室）
网　　址：www.taimeng.org.cn/thcbs/default.htm
E - mail：thcbs@126.com
经　　销：全国各地新华书店
印　　刷：日照梓名印务有限公司
本书如有破损、缺页、装订错误，请与本社联系调换

开　　本：880×1230　　　1/32
字　　数：186 千　　　　　印　　张：8.5
版　　次：2016 年 11 月第 1 版　印　次：2016 年 11 月第 1 次印刷
书　　号：978-7-5168-1130-6

定　　价：32.80 元